阅读成就思想……

Read to Achieve

亲密关系与家庭治疗系列

如何成为般配的一对
亲密关系中的九型人格

[美] 斯特凡妮·巴伦·霍尔◎著
（Stephanie Barron Hall）

段鑫星　张亚琼　刘　怡◎译

THE ENNEAGRAM IN LOVE
A Roadmap for Building
and Strengthening Romantic Relationships

中国人民大学出版社
·北京·

图书在版编目（CIP）数据

如何成为般配的一对：亲密关系中的九型人格 / （美）斯特凡妮·巴伦·霍尔著；段鑫星，张亚琼，刘怡译. -- 北京：中国人民大学出版社，2021.9
ISBN 978-7-300-29734-7

Ⅰ. ①如… Ⅱ. ①斯… ②段… ③张… ④刘… Ⅲ. ①人格心理学-通俗读物 Ⅳ. ①B848-49

中国版本图书馆CIP数据核字(2021)第174191号

如何成为般配的一对：亲密关系中的九型人格
[美]斯特凡妮·巴伦·霍尔（Stephanie Barron Hall） 著
段鑫星 张亚琼 刘 怡 译
Ruhe Chengwei Banpei de Yi Dui: Qinmi Guanxi Zhong de Jiu Xing Renge

出版发行	中国人民大学出版社			
社　址	北京中关村大街31号		邮政编码	100080
电　话	010-62511242（总编室）		010-62511770（质管部）	
	010-82501766（邮购部）		010-62514148（门市部）	
	010-62515195（发行公司）		010-62515275（盗版举报）	
网　址	http://www.crup.com.cn			
经　销	新华书店			
印　刷	天津中印联印务有限公司			
规　格	148mm×210mm　32开本		版　次	2021年9月第1版
印　张	5.125　插页1		印　次	2021年9月第1次印刷
字　数	100 000		定　价	55.00元

版权所有　　　侵权必究　　　印装差错　　　负责调换

The Enneagram in Love
A Roadmap for Building and
Strengthening Romantic
Relationships

译者序

人格成熟，爱情甜蜜

关于爱情，人类从未放弃追寻；关于情感的修炼，你我都在路上。如何遇到爱，如何遇到更好的自己，如何面对亲密关系，如何经营幸福的婚姻，是值得我们思考的人生话题。同时，为何两个相爱的人相处不易？我们所不知道的是，爱的是伴侣，爱的背后却是我们人格的投射。心理学上有一句名言："亲爱的，你的世界以外没有别人，只有自己。"因此情感中对自我的探索越来越受到关注。此时，我们正好与这本小书相遇，相信一定会助你了解你的人格型号，理解你的另一半的人格型号，更好地经营感情，避免相爱相杀。

何谓九型人格？九型人格在英文中称为 Enneagram，又称为性格型态学、九种性格。九型人格不仅仅是一种精妙的性格分析工具，更主要的是它能够为个人修养、自我提升和人生发展提供更深入的洞察力与觉察能力。其神妙之处在于：

- 可以让我们真正地知己知彼；
- 可以帮助我们更好地认识自我，从而完全接纳自己，活出自己的精彩；
- 更可以让我们明白与我们自己完全不同的另一个人，从而在工作上懂得如何与他人建立更真挚、和谐的合作伙伴关系；
- 在情感上与伴侣建设性地解决冲突，接纳彼此，让两人的情感随着岁月变得更加浓烈与柔美。

九种人格分别隶属三大中心中的其中一个，每一个中心分别对应三种人格。这三个中心分别是情感中心、思想中心与身体中心，分别对应着身体的心中心、脑中心与腹中心。不同中心源于不同的动力来源，会对世界产生不同反应，也会有不同的心理感受与心理反应，特别是在情感感受、情绪表达与爱情表达上显得尤为不同。

九型人格根据人的思维、情绪反应和行为方式，把人格清晰简洁地分成完美型（1号）、助人型（2号）、成就型（3号）、自我型（4号）、理智型（5号）、忠诚型（6号）、活跃型（7号）、领袖型（8号）、平和型（9号）九种类型。每种类型都有其鲜明的人格特征，而这九种人格类型在不同的环境下（比如非常健康状态下和不健康状态下）又可以相互转变，这也是我们的性格特征呈现出多面性的原因。2、3、4号属于心中心；5、6、7号属于脑中心；8、9、1号属于腹中心。

九型人格在个人成长、亲密关系、伴侣情感、组织管理、领导力提升、人际沟通等很多领域都有广泛应用。使用九型人格最有效的方法之一，就是运用在伴侣关系中。本书将从非常健康的视角对每种人格类型进行描述。每种人格类型在亲密关系中的表现取决于他们的发展层级是非常健康的、一般健康的，还是不健康的。非常健康状态下的人格平衡协调，令人活出真我，使之充分发挥自己的潜能，并能与伴侣建立健康的关系。一般健康状态下的人格心理开始变得不平衡，容易与人发生冲突，为了满足基本欲望，可能会伤害他人。不健康状态下的人格，自我防卫机制失灵，可以导致人格沦陷，会给亲密关系带来极大的伤害。

本书详细介绍了每种人格类型以及每种人格类型的亲密关系，并根据每种性格特点，为人们提供不同的自我提升策略。

※ ※ ※

首先是情感中心的2、3、4号。一句话讲，情感中心的2、3、4号重视的是感情中的"真切"反应，如"打心底来""凭感觉过日子，凭感觉爱"，他们在感情生活中往往会倾情投入，不计得失。对于爱，他们永不嫌多，他们对"有血、有肉、有感觉的'人'"和"有爱、有恨、有性的'情'"最有兴趣，他们遵从自己内心的感觉与感受。

2号：助人型。2号的核心词是"爱别人"，其爱情宣言是："我必须爱别人胜于爱自己，那么别人就会更爱我了。"因此，他们很在意别人的感情和需要，他们通常是利他的，十分热心，愿意付出爱给别人。当看到别人满足地接受他们的爱，才会觉得自己活得有价值。2号在感情上投入了很多，真心实意地对待伴侣。在他们乐于助人和慷慨大方的背后，是一种深切的渴望，他们渴望真正被爱和被需要。理解九型人格可以帮助2号认识到，当其伴侣表现出的专注和关心不如他们所愿时，这并不代表伴侣不爱自己，这时他们应勇于清楚地说出自己的需求。当他们的付出得不到应有的回报时，他们往往会有受伤的感觉。表面上，他们热情似火，其实其背后有着强烈的被需要的感觉。如果得不到回馈，他们则会变得凉薄与冰冷。了解九型人格类型，你定会理解2号在情感上的冲突——一半是火焰，一半是海水。

3号：成就型。3号的核心词是"爱成功"，胜负欲极强，其爱情宣言是："我要一站成名，只要我站出来就是不一样的风景，所有人都会爱我。"他们喜欢接受挑战，相信"天下没有办不成的事"。他们经常为实现目标而努力奋斗，但在他们追求成功的外表下，渴望情感上的联结，尽管他们并不确定如何才能获得这种联结。理解九型人格能够帮助3号认识到，当生活节奏快到让你感到筋疲力尽时，自己要学会休息，活在当下。

4号：自我型。4号的核心词是"爱独特"，其爱情宣言是："我必须特殊而且独特，才能吸引到别人的爱。但我心里知道，我不配拥有完美，为此我常常害怕被遗弃。"4号十分注重自己的独特性，无论外表、才华还是内涵性格都不入俗、不流俗，特立独行，常常自己活成了一道风景。他们浪漫，富于幻想，内向、敏感且易变，古怪精灵，自伤自恋，却怀有艺术天分，有着敏锐的直觉与对美丽超凡的判断力。在情感方面，4号属于稀缺物种，如林黛玉，必须天下掉下个宝哥哥才能万全，这种全然的接纳与懂得常常是可遇而不可求的。他们寻找的不是生活伴侣而是真正的灵魂伴侣，因此他们在现实的情感中更容易受挫，且极易被"渣"到，张爱玲就是典型的例子。了解九型人格，可以帮助4号认识到，即使你的伴侣真的非常爱你，但他也不能完全按照你所希望的方式让你变得完整，应允许你的伴侣用新颖而有意义的方式为你制造惊喜。4号的人格如何接地气地生活、恋爱、遇良人，经营一份美好且曼妙的神仙眷恋般的情感，是可以从本书中学到的。

※ ※ ※

其次是思想中心的5、6、7号。用一句话来形容5、6、7号，那就是"善用理性"，他们永远都是依赖思想来回应事件。在遇到爱情时，他们会冷静下来，习惯性地用脑袋思考、分析、了解，能够深思熟虑、理性地应对。他们有着较强的想象力、联想力与分析力。在感情世界中，他们往往患得患失，属于暗恋一个人却永远不表白的一类人。他们会理性选择自己的伴侣，而不是荷尔蒙上头，"浪漫"与"激情"是离他们较远的两个词，而用"务实"与"理性"两个词表达他们的爱更贴切。

5号：理智型。5号的核心词是"爱知识"，其爱情宣言是："无知是可耻的，我懂得越多，别人就会越爱我。"他们在爱情中往往是理想主义者，现实中是个很冷静的人，在宣泄情绪时通常不会乱发脾气。当5号感到不知所措时，他们可能会倾向于自我封闭。理解九型人格能够帮助5号认识到，一定要用语言和行动来让伴侣知道自己有多关心他。那么，作为他们的伴侣，则要增加对他们的信任，主动关心他们，减轻他们的焦虑。

6号：忠诚型。6号的核心词是"爱权威"，其爱情宣言是："忠诚稀贵且难，一旦选择忠诚便终身相守。"他们先疑问后确诊，一旦确立恋爱关系就会海枯石烂心不移，他们会宁为玉碎不为瓦全，这在情感中极易受到内伤且不易愈合。6号忠诚可靠，做事小心谨慎，一开始会怀疑周围的人和事，不轻易相信别人。他们也会怀疑自我，需要亲密感，需要被喜爱、被接纳。安全感对他们来说非常重要，他们倾向于寻找一个值得信赖、始终如一的伴侣。理解九型人格能够帮助6号认识到，要有意识地克制住凡事怀疑的态度，多相信自己，多相信他人。翁美玲就是6号的典型代表。

7号：活跃型。7号的核心词是"快乐"，其爱情宣言是："快乐与爱同在。"7号乐观，精力充沛，追求快乐、享受的生活，把人间的不美好化为乌有。他们总是逃离痛苦或无聊，不断地寻找快乐。他们不喜欢被束缚、被控制。表面上看，他们可能心胸开阔、异想天开，但大多非常敏感。理解九型人格能够帮助7号认识到，自己没有被他人爱并不是自己没给对方带来欢乐造成的。他们应学会放松下来，以寻求真正的满足感。

※ ※ ※

最后是身体中心的8、9、1号,与情感中心与思想中心不同,属于身体中心的人是最不会空想、最脚踏实地做事、最活在当下的人。他们最关切的是那些摸得着、吃得到、能够握在手心里的东西,他们的智慧极具实效性而令人折服。属于这一中心的人自带光芒,他们不需要反复思量内心的感受便能够直接产生明快的行动。他们对"事"最有兴趣,也最有办法,可谓天生的问题解决专家。

8号:领袖型。8号的核心词是"爱权力",其爱情宣言是:"你爱我,因为我有一股无法抗拒的威力,足以保护你,也令你不得不尊敬、佩服我。"他们追求权力,讲求实力,有正义感。他们愿意为身边的不公正现象进行抗争,并为弱势群体挺身而出。他们追求真理,也不介意为了找到真理而打破文化规范。学习九型人格可以帮助8号以及他们的伴侣明白,他们所表达的很多愤怒并不是针对个人的。在亲密关系中,他们十分敏感,善于掌控环境,往往是恋人的保护神也是控制者。他们有着一种与生俱来的魔力,会吸引异性,因此他们往往不缺乏恋人。不健康的8号专横跋扈、复仇性强,暴力倾向严重,时常会表现出粗野与凶狠的一面。

9号:和平型。9号的核心词是"平和",其爱情宣言是:"我最大的本事就是忘记自己,包括我对人的一切要求,因为否定别人将会被拒绝。"在很多情况下,他们会表现出随和、善解人意的一面,虽然心有怒气却不容易被他人觉察到。他们往往害怕被拒绝,显出自制、自律、平和、易于满足、容易与人相处的老好人的一面。他们很懂别人，却不太清楚自己的真实需求在哪里，显出一副优柔寡断的样子。在恋爱关系中，9号给伴侣一种舒适、温柔的感觉，是恋爱中的暖男或贴心女友。学习九型人格可以帮助9号明白，试着说出自己真正想要的东西，并重视自己的想法。

1号：完美型。1号的核心词是"完美"，严于律己与他人，其爱情宣言是："达到完美是我终止别人无休止的批评和获得爱的唯一方式。"许多1号发现自己试图成为完美的人，他们自律、自制、严肃、循规蹈矩，讲求原则，重视诚实与公正，是个理性主义者，不能容忍任何越轨行为，并且要求对方是完美的伴侣、爱人或约会对象。因此，恋爱伴侣的不忠诚对于1号来说是致命伤。这种压力通常会削弱他们的判断与思考能力，使其无法充分体验到伴侣爱的曼妙，也无法享受生活带来的乐趣。他们发自内心的自我批评会不自觉地投射到伴侣身上。如果他们认识到这一点，则会有意识地接纳恋人，对自己和他人犯错更加包容，这样才不至于因为自己的人格特征而把良好的亲密关系弄得一地鸡毛。

经营一份执子之手、与子偕老的感情并非易事。尤其在纷繁复杂的现代社会，每个人的内心都是一座城池，如何开放自我、遇到爱，如何经营爱、让爱长久保鲜，通过学习本书中的方法，则会为我们开辟一条新的路径，让我们更好地洞察自己、觉察自己，遇到更好的自己，遇到爱，并在爱中滋养成长！

九型人格的恋爱匹配度、九型人格的健康感情与非健康感情的界限等适合每个人的内容都会在这本书中——展现，请大家耐心、静心，跟随本书的作者，逐渐了解由三种健康层级展开的 135 种情感搭配，看看你的亲密关系在哪儿。

当初接手这本书的翻译时，我也问过自己，在众多有关九型人格的书籍中，这本书如何跳出来？随着翻译的深入，我也着迷于此书的独特之处。只为爱情而来，对于准备恋爱、正在恋爱与经营一份感情的你我而言，这本专为感情量身定做的书正是福音。对照自己的生活，观照周围的人的情感纠葛，我慢慢理解爱不是唯一的解药，人格才是。了解自己的人格特点，不拧巴，不纠结，放下改变伴侣的愿望与行动，全然接纳对方的人格特点，是健康亲密关系的必由之路。相信，有幸与此书相遇，并让此书陪伴你走过恋爱的密道，你会遇到更适合自己的感情，并且经营好属于自己的爱！成长有时是痛苦的，但这种转变往往是值得的，它会令我们放下执念，认真地享受当下，接纳自己，也接纳独特的爱人。

这里需要强调的是，我们每一个人的成长环境都是独一无二的，所以同类型人之间可能有许多共同点，但却也各自拥有一些属于自己最特殊的特质。同时，九型人格是非比较型的，没有哪一类型就比其他的更有优势。事实上，每一类型的人格都各有其闪光与迷人之处。人格从来不是用来比较的，而是用来让我们更好的成长！

感谢翻译团队的所有伙伴，他们是张亚琼、刘怡、姜雯惠。最后，我向大家真诚地推荐这本书，希望我们都可以拥有精彩而幸福的人生。

感谢中国人民大学出版社的郭咏雪、张亚捷在本书翻译中给予的支持，人大出版团队的精业、敬业与专业，也深深鼓励着我。

此书，期待你我共读，我们还专门为此书录制了语音课程，于爱，你我都是同道人！

2021 年 3 月于中国矿业大学拉犁山下

The Enneagram in Love
A Roadmap for Building and Strengthening Romantic Relationships

前言

九型人格比以往任何时候都更为流行，我撰写本书旨在帮助经验丰富的学生和初学者更好地认识自我、认识他人。无论你是想维持一段感情而读到这本书，还是你的伴侣用胳膊肘捅了捅你，特意把折了页角的这本书递给你，我都希望它对你有用。

当你拿起本书时，要么你会很自然地想知道你们的亲密关系在哪里出了问题，要么规划着未来在感情上获得成功。然而，我首先鼓励你和你的伴侣坐在一起，把注意力放在欣赏对方的那些闪光点上，并表达出来，这将有助于你的成长。

如果你所爱之人送给你这本书，那你就很幸运了。我的丈夫布兰登知道我痴迷于人格类型学，于是向我介绍了九型人格，可当时我的兴趣点在其他方向，稍一接触我觉得九型人格复杂到令人生畏的地步，于是我就把它搁置一旁。几个月后，我的姐姐海莉也来鼓励我学习九型人格。这就像生活中许多美好的事物一样，正是第二次的推动让我行动了起来。

一开始，我在网上参加了一个免费测试（现在我并不推荐这种方法），当"成功者"这个词出现在页面上时，我心想："太棒了！我赢了！"我赢得了九型性格测试，我很高兴！然而随着我了解得越来越多，这种喜悦逐渐变成了深深的悲伤和对自我身份的迷失。我很快了解到，尽管九型人格的智慧可以照亮我们最黑暗的阴影，但只有当我们看清了自己，我们才能开始成长之旅。当然，自我接纳是第一步。我们无法改变我们看不到的东西，当我们存有戒心时，我们甚至连自我都无法看清。于是，我开始了处理自己身份的旅程，看清了自己外表下的真实面目，并寻找到了自我成长的步骤。

当我和丈夫深入学习九型人格后，我们对自己有了更多的了解。作为九型人格的3号，我了解到，当我有所感受时，我通常会感到不舒服，或者是一种内在的"烦躁"。以前有这种感受的时候，我就打开收音机，或者投身到一份新的工作中。通过九型人格，我学会了调节自己的感受，而不是通过活动来逃避它。

布兰登和我分属九型人格的不同类型，但我们都有回避自身感受的倾向。我们以前不知道这一点，认为每个人都像我们一样，从一个事情跳到另一个事情，用令人兴奋的努力来填满日程表。但我们没有意识到，这些应对机制是用来逃避那些紧跟在我们后面的羞愧、悲伤、愤怒或恐惧的。

我们已经使用九型人格来学习认识自己的感受。我们现在能够花些时间一起处理情绪，给彼此感受的空间，并问一些双方都能接受的问题，以便从中可以找到我们一直希望但不确定如何找到的联系。

我希望当你阅读并与你所爱的人建立联结时，你也能找到这种联结。当你通过九型人格的智慧来审视和加强你们的关系时，你也能发现亲密关系中的率真、善良、美丽和爱。在本书接下来的内容中，我将首先对九型人格的起源、用途以及找到你的类型所需要的信息进行概述。然后，我将解释每种类型在亲密关系中，包括在卧室里的表现。最后，我将介绍九型人格45种组合类型，以便你可以更清楚地了解自己与伴侣的关系。

在你开始学习的时候，我希望你对将要学到的内容持开放态度，即保持好奇心，练习感恩，并期待转变。

现在让我们开始吧。

The Enneagram in Love
A Roadmap for Building and
Strengthening Romantic
Relationships

目录

第 1 章　九型人格对理解自己和他人的影响 / 001

九型人格是怎么来的 // 003

九型人格的由来可以追溯到两千年前。现代九型人格理论的奠基人为美国的精神病学家克洛迪奥·纳兰霍。21 世纪初，九型人格才获得广泛的关注。

了解九型人格对我们有什么帮助 // 005

了解九型人格可以让我们认识到我们每个人都是不同的，从而对他人产生更多的同理心。了解伴侣的九型人格类型有助于我们更好地理解对方，建立更紧密、更充实的亲密关系。

九型人格是如何划分的 // 007

作为九型人格的三大智慧中心，脑中心（5号理智型、6号忠诚型、7号活跃型）的人通过思考来进行感知；腹中心（8号领袖型、9号平和型、1号完美型）的人通过直觉来进行感知；心中心型（2号助人型、3号成就型、4号自我型）的人通过情商来进行感知。

你属于哪种人格类型 // 009

你是什么人格类型并不重要。重要的是，通过发现九型人格的过程，学会相信自己，并学会观察、研究和反思自己与他人。

如何使用九型人格理解自我和他人 // 017

在你的九型人格旅程中，对自我倾向进行关注；对自我模式进行质疑；重新书写人生，找到一条通往自我整合的新道路；投入同理心。

第2章 不同人格类型的人在亲密关系中会有怎样的表现 / 021

完美型的1号人格 // 024

1号人格的人体贴，富有责任心，在亲密关系中忠贞不渝，注重自我完善，并且希望自我意识和个人成长处于上升通道……

助人型的2号人格 // 029

2号人格的人往往表现出仁慈、温暖、热情、乐观，极具同理心，在其乐于助人和慷慨大方的背后，是一种深切的、真正被爱和被需要的渴望……

成就型的3号人格 // 035

3号人格的人在下定决心做某件事时，通常会全力以赴，以乐观和积极向上的态度对待任何情况，在处理亲密关系方面也不例外……

自我型的 4 号人格 // 040

在感情上，4 号人格的人很快就会对他人产生依恋，渴望被他人关注和爱戴，他们会花大量的时间来思考自己的生活、梦想和身份问题，喜欢表达自己积极和消极的情绪……

理智型的 5 号人格 // 044

在亲密关系中，5 号人格的人通常界限意识非常强，他们希望他人尊重他们的界限，反过来也不会去侵犯他人的界限……

忠诚型的 6 号人格 // 049

在感情方面，6 号人格的人是忠诚可靠的。他们会寻找一个值得信赖、始终如一的伴侣，以帮助他们平息不断的自我质疑……

活跃型的 7 号人格 // 054

7 号人格的人爱玩、精力充沛、善于自我表现，经常异想天开，他们相当独立，但也会想办法让伴侣高兴……

领袖型的 8 号人格 // 059

8 号人格的人充满激情、目标明确，感情上的投入非常大。因此，他们会塑造出坚强的外表，并尽可能地保护好自己不受他人的情感控制或遭遇伴侣情感上的背叛……

平和型的 9 号人格 // 065

在亲密关系中，9 号人格的人能够给伴侣一种温柔乡的感觉。他们为伴侣提供安全感和舒适感，而又无须对自己的伴侣百依百顺……

第 3 章 不同人格配对的伴侣，如何才能幸福长久 / 071

完美型 1 号 vs 完美型 1 号 // 074
两个完美型人格组合的伴侣可能会发现他们很般配，能够彼此支持。但如果两人都固执己见、互相不肯让步的话，往往会使彼此的关系陷入僵局……

完美型 1 号 vs 助人型 2 号 // 075
完美型 1 号和助人型 2 号组合的伴侣有着相同的价值观，可以成为很棒的一对。但如果他们忽视了个人成长，那彼此为对方付出的持续努力反而会阻碍双方都渴望的亲密关系……

完美型 1 号 vs 成就型 3 号 // 076
完美型 1 号和成就型 3 号组合的伴侣大多以任务为导向、成就卓越，都致力于成为最好的自己……

完美型 1 号 vs 自我型 4 号 // 078
完美型 1 号和自我型 4 号组合的伴侣在一起绝对是完全互补的一对，但双方应试着努力去了解对方的观点，才能有助于增进彼此的感情联结……

完美型 1 号 vs 理智型 5 号 // 079
完美型 1 号和理智型 5 号组合的伴侣都倾向于保持独立性，都喜欢花时间来独立处理和思考问题，这有助于双方避免对彼此的厌倦……

完美型 1 号 vs 忠诚型 6 号 // 080
完美型 1 号和忠诚型 6 号组合的伴侣都是对爱情忠贞不渝、非常有责任心的人，彼此可以建立起深厚的信任和长期的承诺。有时，对可预见的渴望会导致他们的亲密关系紧张……

完美型 1 号 vs 活跃型 7 号 // 082

完美型 1 号和活跃型 7 号组合的伴侣是典型的"异性相吸"的组合，而且他们是十足的理想主义者。当双方发生冲突时，7 号大都倾向于采取逃避的策略……

完美型 1 号 vs 领袖型 8 号 // 083

完美型 1 号和领袖型 8 号组合的伴侣都推崇公平与正义，这有助于 1 号和 8 号培养深厚而专一的亲密关系。然而，自律的 1 号会觉得与直来直去的 8 号并不合适……

完美型 1 号 vs 平和型 9 号 // 084

完美型 1 号和平和型 9 号组合的伴侣是最常见的一对，可谓友善、善于沟通和有意愿照顾对方的一对，但尽早找到合适的方法来处理两人的冲突是双方能否长久幸福之计……

助人型 2 号 vs 助人型 2 号 // 086

两个助人型组合的伴侣天生彼此互相了解，他们都是重感情、善良、富有同情心的人。对于他们来说，如何在亲密关系中照顾自己的感受和需要无疑是最大的挑战……

助人型 2 号 vs 成就型 3 号 // 087

助人型 2 号和成就型 3 号组合的伴侣在亲密关系中充满魅力，激情四射。但是 2 号和 3 号人格的人都善于体察对方的感受，却不擅长关注自我感受……

助人型 2 号 vs 自我型 4 号 // 089

助人型 2 号和自我型 4 号组合的伴侣会被对方的高情商和深沉的气质所吸引，成为富有同理心、亲密无间、心有灵犀的一对。对他们而言，在亲密关系中如何设置好各自的边界是最重要的……

助人型 2 号 vs 理智型 5 号 // 090

助人型 2 号和理智型 5 号组合的伴侣在许多方面都是相反的，但这却是比较常见的类型组合。对双方来说，真正理解彼此是很困难的……

助人型 2 号 vs 忠诚型 6 号 // 091

助人型 2 号和忠诚型 6 号型组合的伴侣属于绝对忠诚的一对，可以建立一种真正互惠的亲密关系。但 2 号和 6 号都害怕被拒绝和背叛……

助人型 2 号 vs 活跃型 7 号 // 093

助人型 2 号和活跃型 7 号组合的伴侣都喜欢玩乐，喜欢与人交往，所以他们拥有广泛的社交圈，是绝佳的一对。但冲突对这对伴侣来说是一个挑战……

助人型 2 号 vs 领袖型 8 号 // 094

助人型 2 号和领袖型 8 号组合的伴侣像许多"反向"性格的伴侣一样，都愿意为对方提供其所需的重要东西。但 2 号人格的人很容易被 8 号人格的人的激情压得喘不过气来，而 8 号人格的人也很容易被 2 号人格的人的热心帮助搞得不知所措……

助人型 2 号 vs 平和型 9 号 // 095

助人型 2 号和平和型 9 号组合的伴侣的价值观有诸多相似之处。他们既热情又充满爱心，也都想创造一个在精神和物质上都舒适、和谐、甜蜜的二人世界。但如果冲突出现时，彼此都需要去积极解决问题，才能化险为夷……

成就型 3 号 vs 成就型 3 号 // 096

两个成就型人格组合的伴侣会创造出充满活力的、安全的、互利的亲密关系，并会有一种别人无法拥有的相互理解的能力。这对伴侣面临的挑战是，他们可能会因为自己太忙而缺少交流……

成就型3号 vs 自我型4号 // 098

成就型3号和自我型4号组合的伴侣是典型的待人热情、善于交际、做事认真的一对,非常重视沟通是这对伴侣一个极大的优势。沟通彼此的期望,了解对方那些不现实的或是不公平的期许,对于这对伴侣来说至关重要……

成就型3号 vs 理智型5号 // 099

成就型3号和理智型5号组合的伴侣对能力和效率的看法高度一致,他们都希望在各自的领域能力出众、办事高效,也彼此欣赏。这对伴侣在亲密关系中所产生的问题通常是由双方投入的情感量的不同造成的……

成就型3号 vs 忠诚型6号 // 101

成就型3号和忠诚型6号组合的伴侣可以彼此分享很多相似的品质,并成为出色的搭档。如果3号或6号人格的人感到不安全或没有得到对方的支持,他们的亲密关系就会变得极不稳定……

成就型3号 vs 活跃型7号 // 102

成就型3号和活跃型7号组合的伴侣对生活都抱有极大的热情,也喜欢一起享受美好时光。为了拥有健康的亲密关系,这对伴侣需要密切关注各自逃避情感问题的倾向……

成就型3号 vs 领袖型8号 // 103

成就型3号和领袖型8号组合的伴侣也会因各自都找到了一个与自己精力与投入相匹配的人,而互相欣赏。但他们需要在繁忙的日程中多加入有趣的约会,才能培养真正的情感联结……

成就型3号 vs 平和型9号 // 105

成就型3号和平和型9号组合的伴侣可谓绝配,彼此互相支持,为生活的目标奋斗不止。但在双方的亲密关系中,他们都有走一步看一步的想法……

自我型 4 号 vs 自我型 4 号　//　106

两个自我型人格组合的伴侣都能真正感受到彼此的理解，能从灵魂层面上承认彼此的重要性。但因 4 号人格的人属于被动反应型，所以冲突对这对伴侣来说是个挑战……

自我型 4 号 vs 理智型 5 号　//　107

自我型 4 号和理智型 5 号组合的伴侣有很多共同之处，这让他们成为天生的一对。双方都可能会在采取行动时犹豫不决，因为他们觉得在做决定采取行动之前有必要对方案进行彻底的论证……

自我型 4 号 vs 忠诚型 6 号　//　108

自我型 4 号和忠诚型 6 号组合的伴侣都喜欢通过他们对世界的完整感受来做出反应，这会让他们觉得对方跟自己的风格很像，从某种角度来看，他们彼此的依恋更像一对灵魂伴侣……

自我型 4 号 vs 活跃型 7 号　//　110

自我型 4 号和活跃型 7 号组合的伴侣是一对富有想象力的理想主义者，他们阅历丰富，精神旺盛，一心想把小日子过得无比充实。但有时都会让对方感觉难以控制……

自我型 4 号 vs 领袖型 8 号　//　111

自我型 4 号和领袖型 8 号组合的伴侣是充满激情、热忱、诚实的一对，展露真实的一面恰恰是他们彼此吸引的原因。由于他们都较为保守，由争吵到和解的循环会让他们感觉舒服……

自我型 4 号 vs 平和型 9 号　//　112

自我型 4 号和平和型 9 号组合的伴侣是共情和敏感的一对，都希望能有自己的空间，彼此能营造一种轻松自在的氛围。但由于他们在交流模式上的问题，会出现双方都觉得对方应该知道就不再沟通的情况……

理智型 5 号 vs 理智型 5 号 // 114

两个理智型人格组合的伴侣通常会给彼此提供足够的空间，因为他们很看重个人界限。双方都倾向于将彼此沟通和亲密关系视为需要解决两人遇到的难题，尤其是在两人起冲突时……

理智型 5 号 vs 忠诚型 6 号 // 115

理智型 5 号和忠诚型 6 号组合的伴侣彼此体贴，用情专一。由于彼此在对待规则和程序上的不同，却可能会给他们的亲密关系带来不小的挑战……

理智型 5 号 vs 活跃型 7 号 // 116

尽管理智型 5 号和活跃型 7 号组合的伴侣看起来很不一样，但他们可以成为很搭的一对。尽管他们在思维模式上有着很多相似之处，但是他们却有着截然不同的观点与情感投入……

理智型 5 号 vs 领袖型 8 号 // 117

理智型 5 号和领袖型 8 号组合的伴侣的独立性很强，会把个人边界界定得很清楚。他们有许多相似之处，但这两种类型却有着反差较大的情感付出模式……

理智型 5 号 vs 平和型 9 号 // 119

理智型 5 号和平和型 9 号组合的伴侣在一起能够互相体贴、彼此接纳、温柔以待、处处谦让。由于他们对对方都没有过高的期望，所以他们的亲密关系可以很好地维持下去……

忠诚型 6 号 vs 忠诚型 6 号 // 120

两个忠诚型人格组合的伴侣在亲密关系中可以成为最好的朋友，彼此相互支持，这有助于他们在亲密关系中感到安心。对于所有 6 号人格的人而言，求人不如求己……

忠诚型 6 号 vs 活跃型 7 号 // 122

在亲密关系中，忠诚型 6 号和活跃型 7 号组合的伴侣是冒险的最佳伙伴，对友谊和忠诚都有着强烈的渴望。如果他们觉得被忽视或被控制，他们在这段关系中就不会感到安全……

忠诚型 6 号 vs 领袖型 8 号 // 123

忠诚型 6 号和领袖型 8 号组合的伴侣的匹配特别自然，他们对待情感都非常专一，沟通时不喜欢拐弯抹角。他们要面对的主要挑战是，任何不诚信的行为都将对彼此的关系造成不利影响……

忠诚型 6 号 vs 平和型 9 号 // 124

忠诚型 6 号和平和型 9 号组合的伴侣是很常见的配对组合，他们能让对方感到他们的亲密关系是稳固的、浓情蜜意的、相互支持的和美满健康的。这一对的挑战在于，他们都倾向于听命于他人……

活跃型 7 号 vs 活跃型 7 号 // 125

两个活跃型人格组合的伴侣兴趣广泛、思维敏捷，但却以反复无常或态度暧昧而著称。这一对确实对彼此都有好处，但也存在一些挑战……

活跃型 7 号 vs 领袖型 8 号 // 127

活跃型 7 号和领袖型 8 号组合的伴侣在一起充满活力，激情四射，相互吸引。他们确信，通过两个人共同的努力，任何问题都不在话下。但他们面临的最大挑战在于彼此处理情感的方式的不同……

活跃型 7 号 vs 平和型 9 号 // 128

活跃型 7 号和平和型 9 号组合的伴侣都属于无忧无虑、乐观向上、遇事能随机应变的类型，这些都是他们相互吸引的因素。当他们感受到来自他人的压力时，他们会相当固执，可能会以消极对抗或叛逆的方式来应对……

领袖型 8 号 vs 领袖型 8 号 // 129

两个领袖型人格组合的伴侣意志坚强、生活中充满了激情,彼此都能对对方进行强有力的呵护,在对待两人的亲密关系和所做的承诺上都有着很大的奉献精神。但他们可能会因持相反观点而导致争吵不断……

领袖型 8 号 vs 平和型 9 号 // 130

领袖型 8 号和平和型 9 号组合的伴侣,在亲密关系中对彼此的忠诚和真诚高度一致。8 号人格的人需要意识到他们的说话方式会让对方感到心烦意乱,需要给对方留出处理的空间……

平和型 9 号 vs 平和型 9 号 // 132

两个平和型人格组合的伴侣是联结紧密、和平共处、安静祥和的一对,他们能够一起创造出他们在生活中所寻求的平和与友谊。由于他们都渴望和平,所以他们有时会避免谈论艰难的事情……

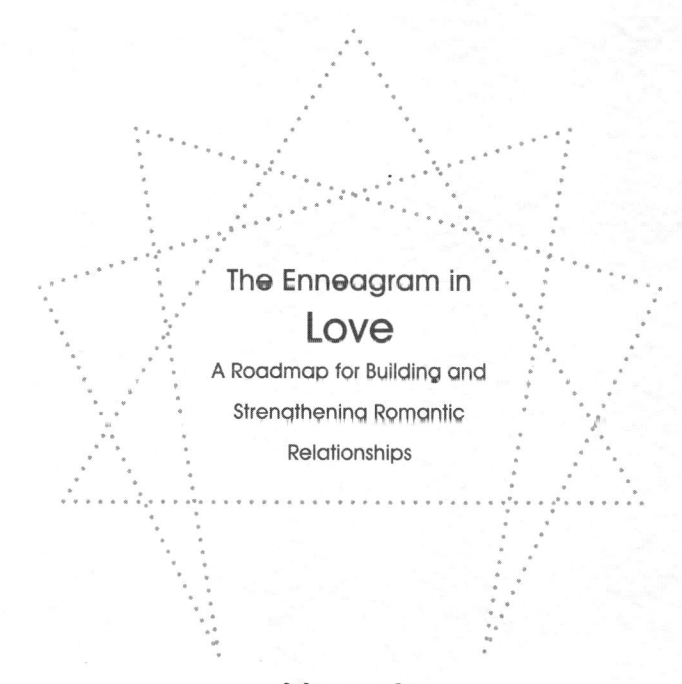

The Enneagram in
Love
A Roadmap for Building and
Strengthening Romantic
Relationships

第1章

九型人格对理解自己和他人的影响

九型人格是一个基于动机且以九种核心动机为导向的人格系统,这就要求九型人格的学习者培养更强的自我理解能力,这样才能真正理解为什么九型人格把动机当作关注点,并较好地把九型人格当作一种工具加以利用。九型人格的美妙之处在于它的复杂性,尽管本章不是一个详尽的指南,但旨在帮助人们理解九型人格是什么,以及如何更好地应用它。

九型人格常常被误解为一种将我们自己进行归类的工具。事实上,九型人格的独特之处在于它可以指引我们内在的成长和变化。九型人格旨在帮助我们揭示潜在的动机,这样我们就可以从人格"盒子"中走出来,拥有更为强大的自我觉察能力。九型人格揭示了我们自己没有意识到或不想承认的部分,并有助于我们根据自己的特定类型朝着健康类型的方向迈进。我们经常生活在"自动导航"模式中,理解九型人格能够帮助我们更清楚地了解自己,理解我们特有的生活方式,让我们可以更有目的地生活。

九型人格是怎么来的

现代的九型人格是古代智慧与当代心理学的融合系统。尽管其确切来源尚不清楚，但最著名的贡献者分别是乔治·葛吉夫（George Gurdjieff）、奥斯卡·伊察索（Oscar Ichazo）和克洛迪奥·纳兰霍（Claudio Naranjo）。

"九型人格"的意思是九边形图表（ennea gram），其形状可以追溯到两千年前。乔治·葛吉夫通过对相关宗教、哲学和口口相传的文化的研究，发现了九型人格符号，并在20世纪初开始教授他的工具版本。葛吉夫主要以使用九型人格及其所有象征意义来引导他的学生大觉大悟而闻名于世。

就像九型人格符号一样，九种人格原型也有古老的根源，但奥斯卡·伊察索将其进一步发展。当伊察索把葛吉夫的工作和他自己对人类心理的研究结合时，现代的九型人格就出现了。伊察索在他的研究中根据七宗罪，加上欺骗和恐惧，确定了九种"自我固着"。他将这九种核心动机与九型人格符号结合在一起，形成了我们所知道的九种类型（如图1-1所示）。

伊察索将他的发现叠加在葛吉夫的"第四道"体系之上，建立了我们现在所称的九型人格。在伊察索的研究受到世人更多认可时，他便将这种智慧传授给了美国加利福尼亚州的精神病学家克洛迪奥·纳兰霍。随后，纳兰霍成了当今九型人格理论的创始人之一。

许多九型人格的重要文章都是由耶稣会士、灵性探寻者、精神病学家、教授和其他学者于20世纪80年代撰写的。具体来说，精神导师理查德·罗尔（Richard Rohr）神父甚至特蕾莎（Teresa）修女都使用了九型人格来进行自我灵修培育。然而，这些作品只

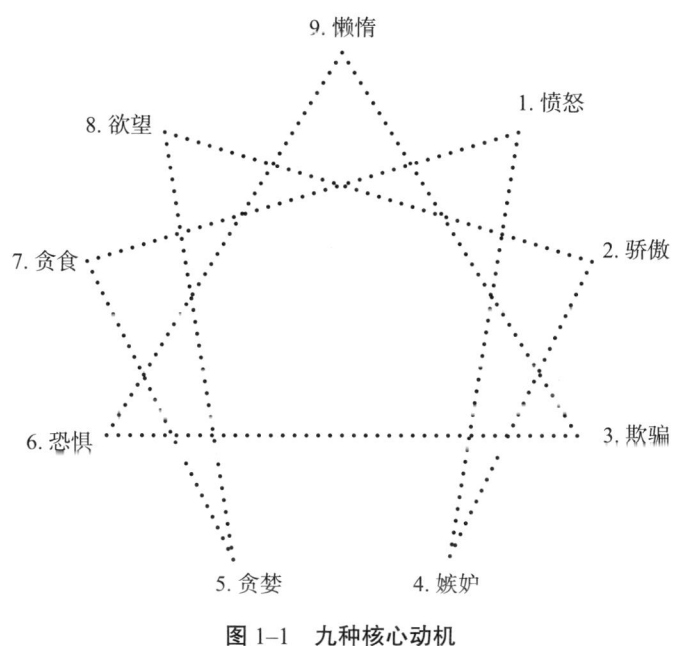

```
        9. 懒惰
8. 欲望              1. 愤怒

7. 贪食              2. 骄傲

6. 恐惧              3. 欺骗

   5. 贪婪    4. 嫉妒
```

图 1-1　九种核心动机

影响了一小部分人，直到 21 世纪初，九型人格才获得了更为广泛的关注。从那时起，越来越多的人发现它是一个有益于个人成长的结构。

了解九型人格对我们有什么帮助

现代九型人格的早期研究者发现，我们每个人都有一套应对和防御机制、叙事、模式和动机，这些都可以塑造我们的人格。许多人格类型学就止步于此，但九型人格帮助我们揭开了隐藏在自我深处的真正本质，即成为真正的自我意味着什么。正如里索（Riso）

和赫德森（Hudson）所写的那样："九型人格并不是把我们放进一个盒子里，而是向我们展示已经进入的那个盒子，以及盒子的出口在哪里！"

人格是我们的默认操作系统，但当我们研究九型人格时，我们可以观察到我们的标准互动方式，并选择一种更具有自我支持、更有益的存在方式。自我完善的途径始于这种自我意识，即你无法改变自己不知道的东西。

学习九型人格，可以通过将注意力吸引到我们人格中未受挑战的模式上来引导成长。观察和表达这些模式可以帮助我们看到，我们是如何通过常规的心理框架来贬低自己或阻碍自己的成长。揭示我们的核心动机会让我们注意到自己的阴暗面，或者那些我们在潜意识里知道其存在却不明了的部分。阴影是我们自身最黑暗的部分，我们通常会躲避或麻痹它们，但这严重阻碍了我们的成长。九型人格将阴影带向光明，这样我们就能找到成长，同时也彰显了我们的优势。

九型人格对伴侣关系和沟通的影响是我研究它的最佳理由之一。简单地认识到我们都是不同的，就足以帮助我们对他人产生更多的同理心。了解伴侣的九型人格类型有助于我们更好地理解他们，这样我们就可以在出现误会时表现出善意。九型人格为我们提供了讨论挑战和见解的通用语言，并为建立更紧密、更充实的关系提供了指引。

九型人格是如何划分的

智慧中心

如图 1-2 所示,九型人格可以分为心中心(2号、3号、4号)、脑中心(5号、6号、7号)、腹中心(8号、9号、1号)三个智慧中心。这些功能强大的组成部分认可了除"书本型智慧"之外的其他智慧,而"书本型智慧"在许多西方文化中是最受推崇的一个。九型人格鼓励每种类型的人更好地发掘并利用自己的智慧中心的力量。

腹中心
8号·9号·1号

脑中心
5号·6号·7号

心中心
2号·3号·4号

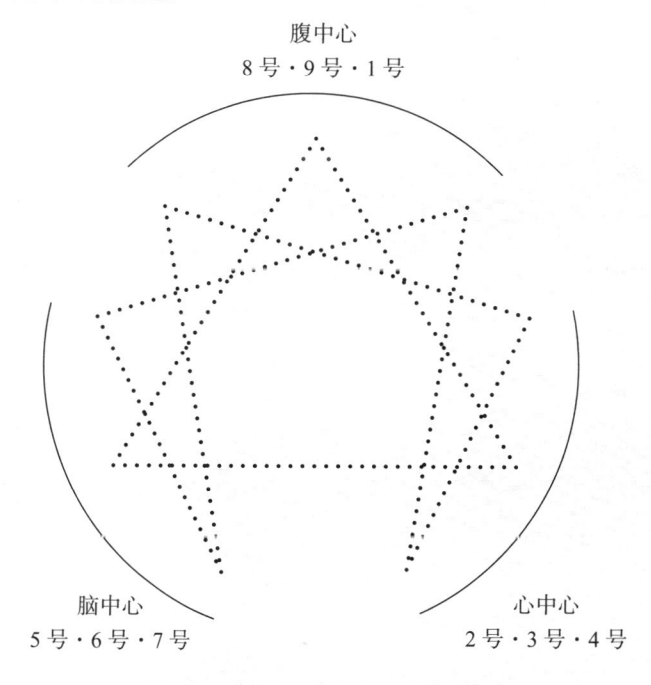

图 1-2 九型人格分为三个智慧中心

脑中心型的人通过思考来进行感知。每一脑中心类型的人都有一个用于避免其潜在的恐惧和焦虑的"想到就做到"的思维机制。

　　5号尽其所能地学习，因为他们相信知识和能力会使他们不至于被思想之外的世界所压倒。6号会做最坏的打算，因为他们相信计划和准备会让他们安全可靠。7号直奔未来，因为他们相信紧紧抓住自由和机会可以避免焦虑。

　　腹中心型的人通过直觉来进行感知。每一腹中心类型的人都有一种策略来应对内心的愤怒。

　　8号直面他们的愤怒，是这个腹中心中表面上最"愤怒"的一个。9号对他们的愤怒视而不见，甚至可能不知道它的存在。1号会压抑他们的愤怒，因为它不合时宜，尽管它会以怨恨的形式泄露出来。

　　心中心型的人通过情感来进行感知。每一心中心类型的人在寻找自己的真实身份时，都有一种特殊的方式来处理他们深深的羞耻感。

　　2号对他人的感受非常敏感，经常能察觉到周围人的感受。他们通常更关心别人的感受，而不是自己的感受。3号通过事业成功打造出一个有价值的自我形象。他们的羞耻感驱使他们走向成功。4号能够深刻地反省和探索他们的内心感受，他们试图找到自己的真实身份，因为他们觉得自己与真实自我之间需要更深的联结。

你属于哪种人格类型

像"自我关心""自我关爱"和"自我完善"这样的术语充斥着我们的文化,这种对个人发展的迷恋包括了对人格和人格评估的迷恋。大多数人都喜欢去了解自我,这种深入分析人格的自我意识鼓励着我们成长。测量人格的方法有几十种,但九型人格因其惊人的准确性和动态的复杂性而广受大家欢迎。

许多九型人格的爱好者称,第一次了解到自己的人格类型令人惊喜。读懂深藏在内心深处的想法和动机,既让我们感到不安,也能让我们感到安慰——暴露真实的自我可能会让人感到不安,但知道他人也有类似的生活经历同样可以让人安心。

九型人格智慧提供的自我觉察并非一蹴而就,而是逐渐展开。因此,我发现测试可能会适得其反。我建议,与其依靠快速的在线测试来得到非黑即白的答案,不如通过自我探索、觉察和自我反思来寻找自己的类型。

下面,就来看看你属于哪种类型。

从好奇心开始。克制自我判断是自我觉察中最重要的因素之一,尤其是在阅读关于九型人格的负面特征时,我们很容易产生代入感,但这既无帮助也无成效。我建议培养好奇心。与其老想着"我讨厌那样做",不如试着说:"嗯,这是一个有趣的反应。我想知道我为什么要这么做。"

九型人格的最终目的是揭示我们生活中的潜意识模式和故事,

而后一种反应中的自我认同可以帮助你更清楚地看到自己。

虽然测试提供了一条特定的路径来找到你的类型，但我建议不要把结果放在心上。当你试图确定自己的类型时，测试会降低了解自己的这个认识过程的价值，并且测试结果会让一个刚接触九型人格的学习者感到困惑。慢点走比较好。

关注动机，而不是行为。判断一个人的外表和行为是很容易的，但真正的工作是了解行为背后的动机。在考虑类型描述时，请务必牢记真正激励你的动机是什么。以 3 号和 5 号为例，有时候，他们表现出相似的行为，如他们都喜欢学习，但他们参与这种行为的深层动机却截然不同。当你学习的时候，注意每一种类型的动机。

许多关于九型人格的测试并不准确，因为它们关注的是行为，而不能充分评估核心动机。通常，我推荐的测试只有 iEQ9 和 EnneaApp。即使进行了这些测试，也要淡化测试结果。发现九型人格的过程最终是一个学会相信自己的练习过程，即你学习、观察、研究和反思的练习过程。请记住，在这一切结束时，你才能发现你的类型。只有你知道自己的核心动机，你可以相信自己能找到它。

下面，你将会看到有关每一种人格的讨论，以及一些围绕九型人格理论的介绍。当你和伴侣一起进入九型人格的探索之旅时，会产生各种令人神奇的体验。接下来将讨论恋爱关系中的九种人格类型，书中会详细描述 45 种类型的组合说明。这些内容旨在帮助我们更清晰地了解伴侣，从而建立起自己渴望的令人满足和愉悦的亲密关系。虽然你很想告诉伴侣他是哪种类型,但可以考虑把本书递给他们,让他们自己阅读。当伴侣能够以崭新的眼光来看待它时,他们可能会更加确定自己的类型。

基本人格类型

当你阅读本书时,你一定会在一些人格类型的描述中看到自己的影子。花时间记录、反思或思考你的核心动机可能会有所帮助。保持好奇心,问问自己为什么要这样做。考虑一下你对这个问题的回答,然后再问一次。当你问"为什么"五六次之后,你就会更加接近你的核心动机。请记住,这种类型的自我发现并不是一蹴而就的,这需要花费比预期更多的时间。如果你无法在本章中找到答案,请继续阅读后面的章节以获取更多的信息。有时候,当我们读到我们如何与他人相处时,我们能更清楚地看到自己。

返回到智慧中心工具条来考虑你的类型会很有帮助。在进行自我归类时,大多数人都能选择一些能引起共鸣的类型,而这些类型通常来自不同的智慧中心。回到那个部分将有助于更清楚地了解自己。

九种类型分别是:

1号|完美型	4号|自我型	7号|活跃型
2号|助人型	5号|理智型	8号|领袖型
3号|成就型	6号|忠诚型	9号|平和型

1号 | 完美型

1号为完美型,又被称为革新者。1号真正的动机是善良和正义。他们相信一个理想世界的存在,并且他们努力工作使之成为现实。作为腹中心的成员,1号认为内在的愤怒是不适合表达出来的;相反,他们把愤怒转化为内心的自我批评,即一种持续不断、严厉斥责的声音,聚焦于每一个不够完美的领域。他们把最严厉的批评转向内心,而从表面上看,他们是勤奋的、有意图的、有目的性的。他们考虑周到,体贴他人的需要,他们想让世界变得更美好。

2号 | 助人型

2号为助人型,又被称为利他者。2号的动机来源于被爱和被他人需要。他们相信自己在帮助别人的时候最可爱。他们利用自己敏锐的情商来理解他人的需求,并不断地为身边的人提供支持、鼓励和关爱。2号真心希望别人得到爱和满足,但在这个过程中却经常忘记照顾自己的需求。当与他人的关系不健康的时候,他们给予别人爱以换取爱。作为心中心的成员,2号具有情感意识,并且倾向于以极大的同理心来对他人的感受做出反应。

3号 | 成就型

3号为成就型,又被称为实干者。3号的动机是在成就中找到自身价值和对价值的需求。3号是高成就者,他们会以最能与其文化或家风的期望匹配的方式努力取得成功。作为心中心的成员,他们能感受到来自他力的情感力量,也会把自己装扮成他人期待的样于。这种变色龙般的特性让 3 号很容易与他人建立联系，但有时他们并不知道自己到底是谁。他们保持忙碌以避免察觉到自己的感受，而且他们工作效率高，参与度高，适应能力强。

4 号 | 自我型

4 号为自我型，又被称为悲情主义者。4 号的动机是追寻自己的内心。4 号倾向于觉得自己与众不同：有时他们喜欢特立独行，有时他们又讨厌与众不同。他们渴望人们能认清自己的真实面目与内在本质，并深深爱戴自己，但他们又毕生都在追求自己想成为的某种人。4 号是理想主义者，他们渴望一个非现实的世界，并为他们所看到的缺点而感到悲哀。4 号属于心中心，他们深切地感受着自己的全部感受。他们一生都在寻找生命的意义，然而在他们的渴望中，他们经常错过存在于他们周围的美。

5 号 | 理智型

5 号为理智型，又被称为观察者。5 号的动机是追求能干和自给自足。5 号每天只有特定的能量，所以他们保存他们的精力、情感和物质资源，以免感到精疲力竭。作为"脑中心"的成员，5 号致力于通过深入学习与思考，并掌握信息来控制潜在的恐惧和焦虑。他们既聪明又有思想，他们往往能够记住大量的信息，尤其是与自己兴趣相关的信息。

6 号 | 忠诚型

6 号为忠诚型,又被称为怀疑者。6 号的动机是需要支持和获得安全感。6 号通常不轻易相信别人,但是一旦他们相信了,他们就会非常忠诚和持久。作为脑中心的成员,6 号使用最坏情况下的应急计划来应对任何可能出现的恐惧或焦虑。他们制订计划来确保自己的生存,同时也确保社区的安全。他们往往友好,善于分析,有责任心,他们通常是确保所有事情都顺利完成的人。

7 号 | 活跃型

7 号为活跃型,又被称为快乐主义者。7 号的动机是保持他们的自由和逃离痛苦或无聊。他们喜欢寻欢作乐,喜欢到处欢笑。作为脑中心的成员,他们直奔未来,避免了内在的恐惧或焦虑,他们相信如果他们始终在前进,就永远不会被困住。7 号视生活中的一切为机遇,然而他们经常忙于计划下一次冒险,以至于无法让自己享受当下。虽然他们希望别人能够分享他们的快乐,但他们独立的个性有时会使他们把别人抛在身后。7 号是多才多艺的、乐观的理想主义者。

8 号 | 领袖型

8 号为领袖型,又被称为保护者。8 号的动机是保护自己不受他人控制。8 号常常被认为是恃强凌弱的人,但事实并非如此。8 号与他们在周围看到的不公正现象进行抗争,并为弱势群体挺身而出。他们追求真理,也不介意为了找到真理而打破文化规范。作为"腹中心"的成员,他们非常熟悉自己的愤怒,不介意进行对抗。8号具有传奇色彩的能量可能令人生畏,或过于光芒四射,让其他人感到压迫感。因此,8号常有被他人误解的感觉。

9号 | 平和型

9号为平和型,又被称为和平者。9号的动机是内外保持平和,并保持团结以及和谐。他们经常被两种力量所困:外部世界对他们的要求、压力和呼唤以及内心世界的想法、感觉和行动。避免这种压力会让9号感到安心。作为腹中心的成员,他们有一种潜在的愤怒情绪,但他们往往没有意识到这一点,因为他们花了太多时间来保持平静。9号每天的能量有限。他们花费大量的时间来维持平和,认为任何干扰都会打破其与他人之间建立起来的联系。

侧翼

你的核心类型不会改变,因为它依附于你的核心动机。侧翼与你的核心类型相邻,并且会改变你的行为。你的核心类型是"为什么",而你的侧翼是"如何"(如图1-3所示)。大多数九型人格的研究学者都认为,侧翼在一生中都可以改变。在我的指导和教学中,我发现有些人觉得自己的侧翼很结实,有些人觉得自己的侧翼很平衡,还有一些人根本就没有侧翼。

侧翼
你怎么做
你该做的
事（行为）

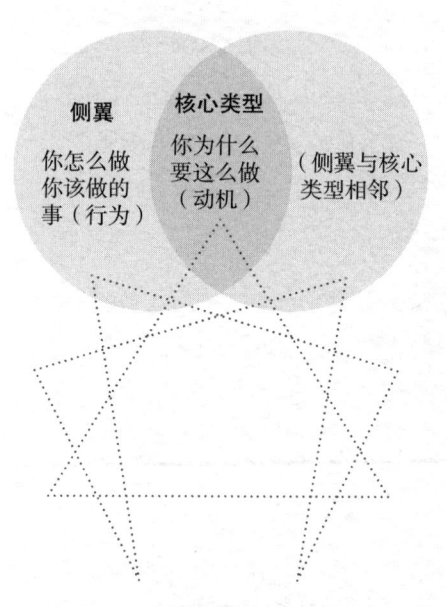

核心类型
你为什么
要这么做
（动机）

（侧翼与核心
类型相邻）

图 1-3 核心类型与侧翼的关系

你可能已经注意到，并排式的九型人格看起来有点互反，这是使九型人格具有动态性的一个组成部分。核心类型两边的侧翼为我们提供了非常重要的平衡和视角。例如，2 号是高度关系型的，但是它两边都有高度面向任务的类型。侧翼为核心类型带来了平衡。

了解你的侧翼是很有用的，因为特定的侧翼和核心类型的组合可以改变一个类型在世界上呈现的方式。例如，拥有 9 号侧翼的 8 号比拥有 7 号侧翼的 8 号具有更平静、稳定和持久的表现，而后者通常更合群、独立且有力量。侧翼由核心类型与侧翼类型之间的小写字母"w"来区分，如核心 w 侧翼或 8w7。当一个人觉得自己有两个侧翼或没有侧翼时，他们通常会把"w"去掉，只写"8"。

如何使用九型人格理解自我和他人

到目前为止，你可能已经对自己的性格类型有了很好的了解，甚至还可能猜到伴侣的性格类型。九型人格提供了许多智慧，但是你必须开始努力成长才能获得它。以下是一些入门指南。

一是对自我倾向的关注。九型人格会提醒我们留意生活中隐藏的或处于潜意识的模式。观察你的行为模式及其背后的动机，可以帮助你迅速开启成长的过程。

二是对自我模式的质疑。什么反应不再对你有用？你对自己的哪些看法可能已不再正确？当你遇到压力或冲突时，哪些模式会反复出现？如果你的典型模式是先做出反应然后再思考，那就考虑在做出反应之前暂停一下。如果你在困惑中更倾向于保持沉默，那就在风险低的时候练习与自己说话。这种观点并不是说我们的模式总是错误的，而是说，如果这些模式一辈子都没有受过挑战，它们可能会阻碍我们的成长。

三是重新书写人生。当我们处于"自动驾驶"的固化状态时，我们的思想、感觉和行动往往会领先于我们的意识。我们就会告知自己是谁，以及如何与他人交往。当你用九型人格重新书写人生时，你会找到一条通往自我整合的新道路。

四是投入同理心。这段旅程充满挑战，尤其是在开始阶段。当你变得更健康时，你会不断地发现新的成长方式。在你的九型人格旅程中，拥有一点同理心会大有帮助。深呼吸，善待自己，善待你的爱人。

你选择这本书可能是因为你想和你的伴侣建立一种更充实、更能全身心投入的关系。九型人格需要通过思想、感觉和行动来帮助你建立双方都渴望的亲密关系。这段旅程需要你表现出真诚。成长往往是痛苦的，但这种转变是值得的。

本章只是为后面的章节做了铺垫。第 2 章将介绍每种类型在恋爱关系中的表现，以及对情感脆弱、沟通和联系的内在期望。第 3 章将对这 45 种关系组合进行详细阐述，包括优势、需要努力的地方。在阅读这些内容时，你要温柔地对待自己和你的伴侣，并利用这些知识作为成长的途径。这些知识的学习，将帮助你们加强沟通，深化你们的联系，并找到前进的方向。

发展层级

唐·理查德·里索（Don Richard Riso）和拉斯·赫德森（Russ Hudson）提出了"发展层级"这一概念，从而进一步阐明了九型人格的力量。通过研究，他们确定了非常健康、一般健康和不健康三个总体发展层级（如图 1-4 所示）。就某个个体而言，他在这些层级之间也会有很大的波动。

当个体非常健康的时候，很难分辨他属于哪一类型。在这种状态下，自我不再是他们生活中的主角，个体在生活中拥有真正的自由、具有完全的自我意识且能够自我接纳。在一般健康状态下，个体开始强烈认同其类型的固有人格模式。我们大多数人大

每种类型的发展层级

```
┌─────────────────────────┐
│        非常健康         │
└─────────────────────────┘

┌─────────────────────────┐
│        一般健康         │
└─────────────────────────┘

┌─────────────────────────┐
│         不健康          │
└─────────────────────────┘
```

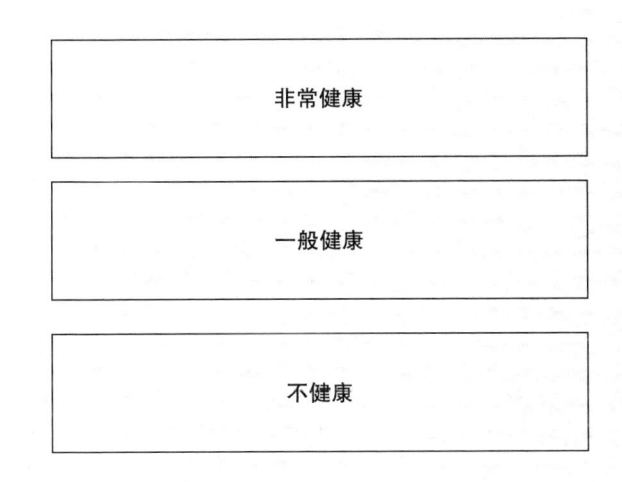

图 1-4　发展层级

部分时间都处于一般健康状态下，即使在这个状态内，健康状况也会有很大差异。那些处于一般健康状态下的人通常表现出一些健康和一些不健康的特征。在不健康的状态下，成也萧何，败也萧何。一个人的优点从另外一个角度来看，往往也会成为其死穴。例如，3号可能会认为他们所有的努力都是徒劳无功的，并且会变得沮丧并开始自我破坏。这一层级的任何类型都会变得自我毁灭和极度不安（如图 1-5 所示）。

所有这九种类型都可以沿着这种"成长连续体"发展。当生活在不同的健康水平上时，相同类型的个体可能也会看起来完全不同。

发展层级	很可能
非常健康	拥有真正的自由 具有自我意识 能够自我实现
一般健康	具有刻板印象 能够认同人格模式 出现人际冲突
不健康	感到万分沮丧 破坏性的信念和行为 出现病理改变

图 1-5　不同健康水平上的个体表现

The Enneagram in
Love
A Roadmap for Building and
Strengthening Romantic
Relationships

第 2 章

不同人格类型的人在亲密关系中会有怎样的表现

第 2 章 不同人格类型的人在亲密关系中会有怎样的表现

在处理人际关系方面,我们发现九型人格是非常有效的方法之一。浪漫的关系是美妙的,富有挑战性和成就感,也有可能让人一下了变得孤独起来。当我第一次学习九型人格时,我突然能超越自己的视角,发现我所有的关系似乎比以往任何时候都清晰,这种感觉令我打开了认识自己、了解伴侣的另一扇窗。我与丈夫的沟通也变得轻松了,在一起讨论九型人格时,我们之间的对话趋于简单。当然,我们在沟通上仍然会遇到一些困难,但是九型人格提供的视角使我们的夫妻关系越来越融洽,而不是越来越疏远。

我建议,你要带着全新的同理心去阅读本书对恋爱关系中的每一种类型的描述。这样才能更好地了解你自己和你的伴侣,从而使你们的交流变得简单,释放出紧张与焦虑的情绪,让你们的爱重新焕发活力。

本书将着重从是否健康的视角对九种类型进行描述。当然,每种类型在人际关系中的表现取决于它们的发展层级是不健康的、一般健康的还是非常健康的。试想,你在书中看到的每种人格类型的大多数典型特征所反映的是一般健康水平的,那么随着任何类型的人变得更健康时,他们看起来是不是更平衡、不再那么刻板了。

每个人对亲密的体验和表达方式都不一样，因为亲密关系在很大程度上是行为上的，并且会根据每个人接受的教养方式、所处文化和生活背景的不同而有所不同。因此，九型人格并不总能准确地预测亲密关系。在写这部分时，我调查了数百位不同类型的人，并找到了围绕每种类型的人的主题和他们对私密空间的态度。每一种类型的人通常都渴望在与伴侣的令人满意的关系中培养情感亲密和身体亲密。通过参考问卷调查的结果，再结合我对九型人格的了解，我在本章中阐述了一些有关亲密关系的想法。

完美型的 1 号人格

在一段伴侣关系中，1 号体贴，富有责任心。他们倾向于带着宏大的目标对待生活的方方面面，在他们的关系中也是如此。他们通常看起来很严肃，并以死板著称，这通常是因为他们要完成所有事项后才会去休息。在内心深处，他们喜欢享受乐趣，并喜欢一个能带给他们快乐的伴侣。

1 号在恋爱关系中忠贞不渝。无论是在自己的生活中还是在恋爱关系中，始终如一对他们来说很重要。他们欣赏那些值得信赖的人。他们通常注重自我完善，并且希望自我意识和个人成长处于上升通道。他们同样渴望在关系中得到成长，尤其是在刚确定关系的时候，他们希望与伴侣能不断地建立更深层次的联系。

发展层级

不健康的 1 号自以为是，独断专行。他们坚信自己知道一切事物的真相，是生活中"正确"的守门人。他们可能并不宽容，缺乏灵活性，对自己和伴侣高度挑剔。当 1 号处在非常不健康的状态时，他们会变得痴迷于修复他们所看到的一切。

在一般健康状态下，1 号仍然能意识到发自内心的批评之声，但是他们知道，把这种批评投射到别人身上是不友善的，也是对方不可接受的。由于他们被内心消极的声音引导，他们陷入紧张或僵硬的状态。在这一状态下，他们会寻找自我成长和自我完善的方法。在他们的内心深处，那个自己想成为的人与现实中的自己之间会有激烈的冲突，但是他们会坚持自己的理想，希望他人能够遵循自己一贯主张的"正确"的道德准则。尽管 1 号可能并不总是能够表达自己的感受，但是他们经常想知道，并希望伴侣能够帮助他们摆脱困境。尤其在一般健康状况下，他们经常感到自己需要独自承担亲密关系中的所有事项，觉得自己是唯一能负责任的成年人。这种倾向会让他们成为很好的伴侣，但也会让他们感到疲惫和怨恨，而他们的伴侣会觉得自己受到了过度的贬低。

在非常健康状态下，1 号能够以更加现实的视角来看待世界，能看到自己和伴侣的不足，也能够用身边美好的事物来弥补这些不足。他们做事会遵道德、守原则、讲平衡，在人际交往方面非常专注，将生活中的每一个小细节都当作大事情来对待。非常健康的 1 号总会在自己和伴侣的身上发现美好的、可敬的甚至完美中的不完美,而不是去追求不健康层级中那些难以企及的理想。他们在这一状态下所追求的理想会驱使他们靠近他人,而不是远离他人。

沟通与冲突

1号希望他们的伴侣能够像他们一样诚实和体贴。无论做还是不做,他们都会深思熟虑,他们会竭尽全力地选择正确的方式来应对、参与和生活。他们期望伴侣给予他们同样的体贴,这往往会让他们感到失望,尤其在不健康状态下。没有人喜欢被欺骗,但即使是善意的谎言对他们来说也可能是一个危险信号,他们优先考虑自己和伴侣的诚实和正直。

1号往往是理想主义者,因此他们通常能够看到伴侣关系中的潜力以及改善伴侣关系的机会。他们做事情时往往会全力以赴,对待一段浪漫的伴侣关系也不例外。如果你和1号在一起,你可以期待他们会努力培养一段良好的关系。

1号倾向于在冲突中保持理性和冷静。虽然他们也会表达沮丧的情绪,但他们更倾向于强调解决问题,而不是陷入情感纠葛中。这种冲突类型的伴侣可能会安静下来,退后一步,或者腾出空间来思考和解决问题。这种处理冲突的方法对1号的伴侣来说是一种挑战,因为1号缺乏情绪的表达,可能会导致其伴侣认为他们对冲突置身度外。虽然1号所采取的平静态度是为了更有效地解决冲突,但实际上却会引起另一半更大的误解。他们花了大量的时间来保持情绪冷静,反而忽视了真正地处理情绪。所以,1号需要一点时间来处理自己的情绪。

当他们需要空间来处理情绪时，1号可能会考虑这样说："我想让你知道，我和你在一起时有某种感觉，但我只是不确定是什么。"九型人格可以从不同的角度来看待1号在冲突中的情感抽离，提醒我们并非每个人都以相同的方式进行思考，从而帮助我们避免沮丧。

亲密关系

不同形式的亲密关系对1号来说都非常重要，这能让他们感受到来自伴侣的爱和理解。他们通过有意和诚实的交谈、联系及分享他们的感受来培养亲密的感情。对许多1号来说，亲密关系会随着时间的推移而建立起来并逐渐加深。

我通过一系列的研究发现，1号对待性的方式非常不同。

有一些1号觉得他们无法从自己的思绪中摆脱出来，希望一切（包括性）都是被规划好的、例行公事的和有条理的，经常无法停止逐一思考他们的待办事项。当发现伴侣并没有按照自己期待的方式行事时，他们会感到特别难受。对这些1号来说，很难快速化解这一情绪，他们需要在卧室内外的互动中随着时间的积累来建立信任。

另一些1号却能从两性的关系和相互控制中解脱出来。不少的1号在接受调查时表示，他们喜欢让伴侣掌控一切，这样他们就可以轻松许多。一次自发的邂逅可能会让他们感到措手不及，但也不失为一个不错的方式，这可以让他们关注当下，而不是被困在他们的思绪里。

许多1号发现自己试图成为完美的人——拥有完美的伴侣、爱人或约会对象，这种压力会削弱他们的能力，使其无法充分体验情侣关系和享受二人世界的生活。

1号需要自我接纳才能与他人进行亲密接触。有时候，一个充满爱意的伴侣会比1号内心的批评声音更能发挥作用。令人难以置信的是，这种经历可以治愈创伤。1号可能需要从伴侣那里获得安慰与确认，即知道在伴侣的眼里他们很棒、很正确、做得很好。但是，持久的改变通常必须来自内心。对九型人格的学习可以帮助1号恢复元气，因为他们逐渐会意识到，他们内心的批评者并不能最终决定他们在这个世界上的价值。把消极声音的音量调小，把爱的信息调大，将能够增加自我接受和亲密感，也会治愈亲密关系中的当事人。

关键点

对于1号来说

作为1号，你可能会看到理想世界的可能性，并且你觉得创建理想世界就是你的责任。你可能会耗尽自己的精力试图修复你周围的一切，这反而让你错过了已经很好的事物。尝试列出你每天需要感恩的事情，想想你爱你伴侣的哪些方面，并与他们进行分享。

我们对自己说话的方式通常就是对别人说话的方式，所以你内心自我批评的声音有时会投射到你的伴侣身上。认识到这一点很重要，因为你可能会觉得你是在试图帮助对方，而你的伴侣可能会觉得受到了批评。意识到这一点可以帮助双方构建一个更加充满爱的方法。

对于那些正在与 1 号恋爱的人来说

如果你正在和 1 号进行交往，让他知道你是多么欣赏他所做的一切。具体来说，让他知道你能承担起责任，值得他依靠，争取成为干家务活的好手，这些活他就指望你了；精心为你们设计一个浪漫约会；从他的待办事项清单上选一项具体的任务，给予他大力的支持。

助人型的 2 号人格

在一段感情中，2 号往往表现出仁慈、温暖、热情和乐观。他们极具同理心，有时只察觉到伴侣的感受而不能感知自己的感受，但他们几乎意识不到这一点。对于 2 号来说，拥有空间来处理他们自己的感情是很重要的，他们欣赏一个能从他们身上汲取灵感的伴侣。在 2 号乐于助人和慷慨大方的背后，是一种深切的渴望，他们渴望真正被爱和被需要。

2 号在感情上会投入很多精力，他们充满爱心且意图明确，并会将自己的真心实意奉献给伴侣。因此，让 2 号感觉到自己的伴侣也在努力付出，并为他们腾出空间是非常重要的。当伴侣在身边的时候，尤其是在情感交流的时候，他们会觉得自己最受重视。他们喜欢被主动问及他们的真实感受，但有时需要伴侣主动询问才能让他们分享。因为他们花太多时间关注他人，他们并不总是自发地说出自己的感受或想法。

发展层级

不健康状态下的 2 号只会要求对方满足自己的需求，他们通过操纵和利用情感来获得他们想要的，而不是帮助对方。在一段恋爱的关系中，不健康的 2 号非常看重互利互惠，以至于他们的任何小举动都会要求对方给予更大的回报。至于他们的恋爱关系是否具有争议性和破坏性，他们则不去理会，也不在意被他们的整个情感世界包围的对方是否真的爱他们。不健康的 2 号往往在恋爱中迷失自我，因为他们想方设法一味地想成为伴侣期望的那个人。

在一般健康状态下，2 号有时仍然为了得到而付出，但不像不健康状态时那么明显。在内心深处，他们渴望得到他人尤其是来自伴侣的鼓励、赞扬和爱。尽管 2 号渴望在他们的关系中得到满足，但他们同样希望自己的伴侣也能感受到同样的爱、满足和支持。在一般健康状态下，他们倾向于做出取悦他人的行为，所以他们经常能体悟伴侣的情绪好坏，并认为出现问题必须予以解决。他们的爱促使他们寻求更高层次的亲密，特别是情感上的亲密感和归属感。处于这种发展层级的 2 号，可能会吸收另一半所有的消极和压力，营造一个可以让伴侣茁壮成长的环境，丝毫没有意识到这反而忽视了自己的幸福。

在非常健康的状态下，2号是真正的利他主义者。他们慷慨地奉献自己，不期望得到任何的回报。他们是鼓舞人心的、有教养的，并且是充满爱心的。他们懂得伴侣的情绪问题不是他们可以解决的，所以他们很清楚哪些情感是自己应承担的、哪些是伴侣应承担的。非常健康的2号知道，他们与自我的关系和他们与伴侣的关系同样重要。一旦他们精疲力竭，他们就无法继续给予。

沟通与冲突

2号希望他们的伴侣能像他们自己一样仁慈和温暖。他们会与其他人建立相对较深度的联系，所以他们通常会爱上一个同样喜欢在亲密关系之外还能与他人建立联系的伴侣。

2号喜欢伴侣提出的问题具有建设性。在一般健康状态下，他们并不总是能够准确地把握自己的情绪，所以回答这类问题可以帮助他们理清自己的真实感受。2号所提供和寻求的互惠和帮助通常是基于对他人的了解和爱慕的愿望，以及他人了解自己的渴望。

成长中的2号知道，对伴侣没有必要唯唯诺诺，但提醒他们不要老说"好的"还是很有必要的。他们通常会主动为别人伸出援手，所以当伴侣主动向他们伸出援手寻求改变时，他们就会有被爱和被关心的感受。

在发生冲突时，2号可能需要确保他们的亲密关系不会受到威胁。一旦得到对方的保证，再艰难的沟通他们也能出色地面对。2

号并不脆弱，他们有强大的情感力量，但在冲突中他们仍然需要伴侣能温柔以待。当你向恋爱中的 2 号进行反馈时，你可以用喜欢和欣赏他们的观点来缓和那些富有挑战性的信息。

因为 2 号会努力维护良好的亲密关系，所以当关系出现危机时，对他们来说很具有挑战性。在冲突中，他们往往会努力保持积极、振奋和乐观的态度，这反而会使他们的伴侣觉得他们不愿直面问题，再加上他们有意逃避讨论这个话题，冲突可能会持续很长时间得不到解决。总的来说，2 号比较善于表达，在亲密关系中他们也是如此。

理解九型人格可以帮助 2 号认识到，当伴侣对他们表现出的专注和关心并非如他们所愿时，这并非伴侣不爱他们。人人都希望有一个围在自己身边、柔情蜜意的伴侣，但 2 号对爱的索取没有够的时候。一旦他们认识到自己的这种倾向，他们就会清楚地意识到，当对方没有完全按照自己的期望来满足需求时，他们应当更宽容。

亲密关系

在亲密关系中，2 号对伴侣非常关心、体贴，亲密不仅表现在行为上，还会体现在情感上。在调查中，有 2 号受访者表示必须满足他们的情感需求，才能真正实现性亲密。

2 号渴望被亲近和被需要，他们也非常在乎被爱和被需要。情感和身体上的亲密会让很多 2 号觉得自己被需要、被关注和被理解。长时间的谈心和深入的对话对于培养他们渴望的亲密关系至关重要。许多 2 号发现，与伴侣之间能够完全开放、真诚和不加评判地相处是建立彼此强有力的伴侣关系的坚实基础。无论是在沟通中还是在私密空间里，有一个专注的伴侣可以让 2 号感觉亲密无间。

2 号经常给予他们的伴侣关注、爱和陪伴，所以得到同样的回报可以改变他们的关系。因为他们会花精力鼓励别人，所以被鼓励和真诚的赞美能增强他们的情感联系。同时，他们会把亲密关系尤其是情感上的亲密，置于关系的第一位。即使他们觉得自己和伴侣在诸多冲突上没有达成完全的共识，但如果他们有着深厚的情感亲密，这种关系也可以使 2 号感到满足。

当在感情上缺乏亲密感时，2 号会觉得自己被性亲密利用了。然而，我在进行相关研究时发现，许多 2 号认为其伴侣在性方面的满足感往往比他们自己的体验更重要。许多 2 号提到，他们很难向伴侣明确表达他们在床上喜欢什么，因为他们一直都在取悦别人。如果你的伴侣是 2 号，不妨问问他喜欢什么。花点时间和他交流，并通过给予他们充满爱和自由的空间来发展你们的亲密关系。

关键点

对于 2 号来说

为了建立一种更健康的关系，你应注意自己在什么时候是为了得到而付出的、什么时候是出于利他主义而付出的。当你在尽力帮助别人而感到力不从心时，退一步想想，你会给处在你这种位置的朋友提供什么帮助。你会怎么照顾他们？那会是一种什么感觉？试着像关心别人一样关心自己。

当你感受不到伴侣的关爱时，你会感到沮丧、孤独和怨恨。你有时给予别人东西，其实是你同样希望别人能给予你，只是你不善于向对方索取罢了。作为 2 号的你如果感到不满的情绪正在上升，极有可能你的伴侣并没有意识到你的需求尚未得到满足。试着对人友善，清楚地说出你的需求，并理解你的伴侣表达关爱的方式，即使这并非你想要的方式。

在一段关系中，尽管互惠是很有必要的，但是高标准的互惠却会导致关系的不平衡。你应该试着练习从伴侣那里接受爱、帮助和善意，并深深地表达出感激之情。在恋爱中，计较得失很少能带来幸福；练习采取一种开明的方式来实现互惠，而不是一味地采用给予和索取的方式。

对于那些正在与 2 号谈恋爱的人来说

如果你正在和 2 号谈恋爱，你可能已经体验过他那难以置信的温暖、激情和善良，你需要慷慨地给予对方同等的回报。首先，向他伸出援助之手，关心他一天都发生了什么或他的梦想是什么，以便为与他长久地厮守留出空间。了解你的 2 号伴侣是如何感受爱的，只要有机会就为他做这些事情。对于某些 2 号的伴侣而言，这可能是一次背部按摩或端上一杯咖啡；而对另一些 2 号的伴侣而言，可能是写一条发自内心的便笺或进行一次深入的交谈。在他为你做了什么之后，要让他知道你是多么欣赏他。

成就型的 3 号人格

当 3 号下定决心做某件事时,他们通常会全力以赴,以乐观和积极向上的态度对待任何情况,在处理亲密关系方面也不例外。虽然他们会给人留下"只想出人头地"的表象,但事实并非如此。3 号在伴侣关系中充满爱与善意,通常会努力构建一种真诚的亲密关系,并且对他们的伴侣非常忠诚。

3 号具有很强的适应能力,这意味着他们可以改变自己的性格,使之尽可能符合自己的期望。在恋爱关系中,3 号的伴侣有机会看到其表象背后的真相。在他们令人印象深刻的外表下,往往隐藏着温柔、细心和无限的忠诚。3 号在他们的恋爱关系中是非常体贴和有心的,当他们的伴侣支持和鼓励他们时,他们会表达感激之情。

发展层级

当 3 号处于非常不健康的状态时,他们会不惜一切代价避免失败。这一理念不仅在他们的工作中起作用,也会指导他们与伴侣的亲密关系。如果 3 号觉得他们在过去的恋情中失败了,他们可能不愿意重新开始一段新的恋情。他们宁愿通过切断与外界的联系来避免一段感情破裂而带来的耻辱和尴尬。在这种状态下,已经处于恋爱关系中的 3 号可能会停留在不健康的状态中,以避免成为情感上的失败者;或者,他们可能会通过不断指名道姓地责备和羞辱他人,来避免被他们的伴侣视为不称职。不健康的 3 号也可能会与他们的伴侣发生冲突。

在一般健康的状态下，3号可以进行自我推销，并具有很强的自我形象意识。他们与伴侣分享自己的成就只是为了得到对方认可。处于这种状态的3号也可能取悦他人，他们一生都在试图满足别人对自己的期望。他们也希望自己的伴侣与自己相处时能幸福快乐，因此他们会不断地进行自我调整，以便成为伴侣希望的那种人。一般健康状态下的3号往往难以平衡责任，因为他们想尽可能给他人留下深刻的印象，所以他们在试图给亲密关系之外的人留下深刻的印象时，就会表现出忽略他们伴侣感受的言行。这类言行极有可能导致他们与伴侣产生严重的分歧。3号可能认为，他们的伴侣有巨大的潜力尚未开发，从而想推动他们实现自己的目标。一般健康状态下的3号致力于保持最好的关系，即使这需要他们做一些对他们来说不舒服或示弱的行为（如公开谈论他们的感受）。

健康状态下的3号了解并接受自己本来的样子。他们想成为更好的自己，而非为了"赢"，一切的出发点是为了自身的心理健康和自我发展。健康的3号非常重视人际关系，虽然他们会非常努力地去完成工作目标，但不会让工作或其他需求凌驾于亲密关系需求之上。健康的3号非常重视自身和伴侣人性的一面，比起把人看作社会资本，他们更看重人的存在价值。

沟通与冲突

在情感方面，3号想要拥有能够获得深层次满足的关系，但是这种满足感却很难与他人进行分享。他们表现出的脆弱感令他们自己很难受。对于3号来说，能够轻松地敞开心扉与他们的伴侣分享和谈论生活太重要了。如果他们的伴侣先行离开,往往会给他们造成情感上的伤害。

3号最具挑战性的触发因素之一是受到毫无根据的批评。就像1号一样,3号努力成为最好的自己。在一般健康状态下,他们会欣然承认错误,因为他们深知积极的反馈是改善关系的关键。然而,如果他们觉得受到了不公正的批评,他们可能会表现出很强的防御性,并感到非常沮丧。在大多数情况下,3号更喜欢直接、友好、清晰的交流,这使他们更容易获得相关反馈。

3号对成功的渴望之一是与伴侣拥有健康的亲密关系,如果听到自己让伴侣失望了,3号可能会更加失望。很重要的一点是,即使发生冲突,3号的伴侣也要让他相信自己仍然爱他和重视他。

在冲突中,3号会想办法解决问题,他们可能会感到沮丧或者有情绪,但是大多数3号会努力保持冷静和理性。因为他们相信,他们所拥有的能力和批判性思维能够解决问题。这可能会导致其他类型的人觉得3号的方法是无用的,从而导致3号感到很压抑。

3号最常表现出的情绪问题是挫败感,而他们的真实感受却深深地隐藏于内心。与3号讨论事情对他们来说是很有帮助的,因为这样一来,他们就有空间讨论自己的真实感受。在恋爱关系中,有效的沟通对于3号来说是非常重要的,但有时可能需要花一些时间来构建彼此安全的空间,以便双方进行良好的交流。

通过九型人格的研究,我建议3号放慢脚步,深呼吸,观察自己并察觉自己的感受,以更好地表达自己当下的情绪。

亲密关系

与大多数类型一样，3号也需要不同类型的亲密感来感受联系和满足。3号位于心中心，但他们经常为实现目标而努力奋斗，没有时间去感受、联系或歇一歇。在他们追求成功的外表下，他们渴望情感上的联结，但他们并不确定如何才能获得这种联结。当3号感觉到被伴侣重视和被优先考虑时，他们会感觉与伴侣更加亲近。但有时他们很难敞开心扉，所以他们珍惜并享受与伴侣相处的时光。

展露脆弱的一面对3号来说是很困难的。虽然有些人认为身体上的亲密更容易受到伤害，而有些人则认为情感上的亲密更容易受到伤害。但大多数3号需要情感上的亲密来为性亲密铺平道路。通过研究我发现，性爱实际上有助于3号在感情上获得更强的真实感。他们认为，性体验有助于他们在当下感到踏实，使他们能够与伴侣在情感上建立联结。虽然他们看起来很自信，但他们仍需要得到另一半的认可，尤其是在性爱方面。他们渴望被伴侣所需要，并希望伴侣能口头告知他们，他们的爱是多么重要。

一般健康状态下，3号通常觉得有必要改变一下自己的形象，在任何关系中游刃有余。随着他们与恋人相处得越来越融洽，3号就会放松警惕，不再觉得自己需要像变色龙一样行事。完全舒适通常意味着他们允许伴侣看到他们不化妆、没有伪装的样子，而只是简单的存在。一段恋爱关系的成功与否并不完全取决于3号的成就，而更多地取决于他们的伴侣是否对他们满意。如果他们的伴侣向他们表现出快乐，那么他们就会感觉到安全和满足。如果不满意，他们可能就会努力奋斗以期改善彼此的关系。

关键点

对于 3 号来说

如果你属于 3 号，你很清楚自己对另一半是忠诚的，但可能有必要提醒一下对方，你是多么在乎他。你的视野围绕着你的目标，以及你持续前进的步伐有时会让伴侣觉得自己无足轻重。花一些时间专注于他，不要分心。你的生活节奏可能会让你感到筋疲力尽，而当你学会休息时，你会更加地活在当下，更加了解真实的自己和内心最真实的感受。当你对自己、伴侣或生活感到沮丧时，停下来思考一下，在这种表面的情绪之下究竟隐藏着什么样的情绪。

对于那些正在与 3 号谈恋爱的人来说

3 号并不总是能够实时地表达自己的情绪，这并不意味着他们没有情绪。当他有时间处理情绪时，要让他分享经验，这可以让他开阔眼界，也有利于维持伴侣之间的关系。当 3 号觉得不够安全而容易受伤时，他就不会进行分享。因此，与他一起计划安排一些黄金时间，如果他不能准确地解释自己的感受，要有耐心。3 号看起来自信满满，所以你可能认为他并不需要你的鼓励，但实际上他的确需要。给予他鼓励、肯定和支持，你们的关系将会越来越稳固。

自我型的 4 号人格

4 号喜欢在恋爱关系中建立深厚的情感联系。他们渴望被他人关注和爱戴，他们会花大量的时间来思考个人的生活、梦想和身份问题；他们高度内省，欣赏有深度的亲密关系，喜欢表达自己积极和消极的情绪，并时刻寻找适合自己的灵魂伴侣。

在感情上，4 号很快就能产生依恋，但他们有时会忽略的是，对方的情感表达等并非与自己同步。他们很快就会陷入其中而无法自拔，从而产生挫败感，但这也可以视作 4 号主动向对方示爱的一种表现。4 号在感情上的投入，为伴侣创造了可以回报相同情感投入的空间。他们对伴侣往往情深意切，并希望自己的付出能被伴侣察觉到、获得对方的理解与重视。

发展层级

在不健康状态下，4 号可能会迷失在白日梦中，坚信"得不到的才是最好的"。他们开始责怪自己的伴侣，对自己的生活抱有怨言，对遭遇的困境感到愤怒。尽管他们一般会把愤怒指向自己，但他们发泄的不满会让其亲密关系变得紧张，因为他们会把生活中的琐事都牢记在心。当 4 号迷失在自己的思绪中时，他们会脱离现实，意识不到自己的行为、言语和感情对他人会带来什么影响。在不健康的状态下，4 号害怕被抛弃，因此更倾向于用爱和情感上的联结来拉近与伴侣的距离。但是，当他们感到伴侣的靠近会伤害自己时，就会把伴侣推开。

在一般健康状态下，4号会不时反思他们的感受和情感生活，这也是他们对伴侣关系感觉如此强烈的原因之一。一般健康状态下，他们能够全身心地感受和表达他们的情绪，所以他们有时会退缩，因为他们需要更多的空间和时间处理自己的情绪。他们能够认识到，伴侣既不能成全他们，也不能成为他们情绪体验的唯一共鸣者。他们很想与伴侣建立深层次的关系，所以他们会不遗余力地加深和扩大这种关系。他们渴望被伴侣理解，并对自己的感受予以回应。如果他们觉得自己的伴侣不能理解自己的感受，他们就会萌生强烈的、得不到伴侣宠爱的感觉。

在非常健康的状态下，4号能与他们的自我认知保持一致，示弱既是他们的优点，也是致命的弱点，这能给亲密关系带来一种真实、美丽和有意义的感觉。他们非常直白和富有同情心，完全能够坐下来，向伴侣表露他们的情绪。健康的4号支持他们的伴侣感知情感，并帮助他们认识到寻求适当的空间来处理情绪的重要性和必要性。他们会培养深厚的亲密关系，并表达自己对伴侣的爱。

沟通与冲突

4号需要真正地被听到。当他们谈论自己的感受时，他们感觉被听到比解决问题更重要。当你试图修复与4号相处所遇到的问题时，4号常常会觉得自己的问题被弱化了，他们会感到被深深地误解了。

他们的感受是真实的，在没有评判、批评或压力的情况下，倾听和理解至关重要。4号沉浸在他们自己的内心世界里，保持缄默，人们会认为他们是不是出了什么问题。实际上，4号通常只是需要时间来处理自己的感受。他们是深邃的探索者和思考者，所以当他们需要去处理亲密关系问题时，不要阻拦他们，这将有助于他们构建良好的关系。

4号倾向于表达自己真实的感受，以此来解决与伴侣的分歧。有时候这可能意味着要公开表达自己的情绪并进行对抗，而有时则意味着后退一步进行思考，然后再回到问题上。无论采用哪种方式，大多数4号都喜欢在一天工作开始之前消除误会，因为他们对这种情绪氛围已经很适应了。他们诚实而活在当下，并希望其他人也是如此。

亲密关系

深化联结对于4号来说非常重要。长时间的交流、爱的口头表达、完全的开放，以及身体上的亲密，都能建立4号渴望的亲密关系。他们需要真正感受到这种情感上的联系，才能向伴侣敞开心扉。4号喜欢讨论对未来的希望和梦想、埋藏内心深处的想法和感受、他们的过去及他们的关系，等等。他们还喜欢全身心地投入到自己的兴趣中，所以他们总是有很多话要说。

4号能够强烈地感受到积极情绪和消极情绪，就像过电一样。他们的情绪有时可以包罗一切，情感上的亲密和依恋是基于他们与他人分享深刻感受时的舒适程度。4号有时会先展示出自己脆弱的一面，与伴侣建立情感上的亲密关系。如果这种尝试联结的方式被拒绝或不被接受，4号会有被伤害和被孤立的感受。他们可能需要有安全感后，才能继续分享。

对于通常富有表现力、充满激情的4号而言，情感上的亲密和拥有一段安全、开放、可以展露心理脆弱性的关系比身体上的亲密更加重要。性生活对他们来说也饱含情感，因此，如果他们的伴侣为这段恋爱关系提供了真正的关怀、真实性和联系，性生活将是令人愉悦和充实的。如果4号经常感到被伴侣贬低、误解或拒绝，那么身体上的亲密关系就会受到挑战。

情感亲密和身体亲密的水乳交融会产生令人兴奋的结果。4号往往很快就会产生情感依恋，包括情感亲密的性行为，会使这种依恋扩大化。4号希望在各个方面都与伴侣保持紧密的联结。

关键点

对于4号来说

如果你是4号，你可能渴望与自己以及伴侣能够建立深层次的联结。你的联结深度让自己成为不一样的焰火。你的人格中最显著的特点之一就是，你有能力时刻充分展现自己。活在当下彰显了你的勇气，你丰富的阅历会使你变得更加强大。即使你的伴侣真的非常爱你，但他们也不能完全按照你所希望的方式让你变得完整。允许你的伴侣逐渐用新颖而有意义的方式给你惊喜吧。

对于那些正在与 4 号谈恋爱的人来说

如果你正在与 4 号谈恋爱，严肃认真的态度至关重要。他诙谐有趣，但如果因为敏感而被取笑，特别是当他表达情绪时，被误解会令他不舒服。敏感就是他内在的力量。你要表现出对 4 号的爱，并通过有意识的倾听和同理心让他知道你很关心他。4 号经常表达他对别人的感受，当别人也这样做时，他会很感激。贴心的安抚、体贴的筹划和亲密的交谈都能让 4 号感受到被爱。

理智型的 5 号人格

在恋爱关系中的 5 号非常忠诚且坚定不移，他们通常会花很长时间来考虑自己想要什么，如何去实现，一旦他们建立了伴侣关系，他们就会变得很友善、很投入。5 号喜欢有思想的谈话，所以当与伴侣分享自己的想法时，他们会感觉到彼此之间的联结。5 号通常非常喜欢一个人待着，但与另一半共度美好时光对他们的幸福也同样重要。

外面的世界会给 5 号带来压迫感，所以他们需要在亲密关系中经常留有回旋的时间与空间。更重要的是，5 号在需要的时候可以自由地利用空间。如果他们觉得自己不能够做到这一点，他们会备感压力，无法展现出最好的自己。他们通常会欣赏那些引导他们、帮助他们拓展自我体验的伴侣；当他们和伴侣进行长时间的交谈时，他们会有强烈的亲密感。他们不会让很多人进入彼此的情感世界，也会对走进他们情感世界的人非常忠诚。5 号不会浪费自己的情感精力，因此他们具有强烈的个人界限感。这是双向的，即他们希望别人尊重他们的界限；反过来，他们也不会去侵犯他人的界限。

发展层级

在不健康状态下，5号会退缩在自己心灵的安全地带，因为与别人的交往会让他们感到侵扰和不安。由于他们不相信别人有能力帮助自己，他们会变得孤立无援。非常不健康的5号甚至不相信自己的想法或理性思考的能力，他们会有失控感，于是他们开始变得离群索居和反社会。他们常常对这个世界和人际关系变得愤世嫉俗，他们会把来自所爱之人的任何关心或关怀当作一种侵扰，这种恶性循环会导致他们进一步的孤立。在不健康的状态下，5号通过退缩、孤立和相信他们的内心世界是他们唯一的需要来逃避现实。

在一般健康状态下，5号稳健而理性。他们很关心他人，但也很谨慎，尤其是和伴侣以外的人在一起时。5号会将自己投入到一段深厚持久的关系中，但当他们感受到外界强加给他们的要求时，他们也会不知所措。他们对独立且不黏人的伴侣感到满意，但有时他们需要的是一个能把他们从思绪中拉出来、带他们进入现实的人。在一般健康状态下，5号有时会期望伴侣能够理解他们的沉默，但他们的伴侣很难判断他们是生气、焦虑、悲伤，还是只是陷入了沉思。虽然5号会优先考虑伴侣的独立性，但他们有时确实需要帮助。亲密关系的真正标志是5号会向自己的伴侣寻求帮助，而不是自己去研究答案。

在健康状态下，5号既聪明又博学，他们敏锐的观察能力使他们具有极强的洞察力和直觉。因此，他们往往能够比其他人更早或更准确地提出一个明智的、有用的想法。在健康状态下，5号乐于体验各种各样的关系，他们可以在独处中充电和关心他人之间找到平衡。他们有较强的好奇心，会去学习并观察他们的伴侣，这样他们就能以最好的方式爱他们。他们发现，他们所寻找的联系来自他们的恋爱关系，而不仅仅是他们与自己的联系。他们把生活看成一系列的付出和索取，所以他们更乐于付出，也更乐于接受别人的爱。在健康状态下，5号不会受到情绪上的威胁，所以他们会过着更加充实的生活，同时拥有精神和情感上的亲密关系。

沟通与冲突

尽管5号有很多话要说，但他们有时表现出来的却是安静或超然。他们在分享之前会仔细考虑自己的想法，如果觉得这些想法会受到批评或不被采纳，他们可能就会保持沉默、放弃分享。他们通常不会言无不尽，而是会通过理性思考有意地说出自己想说的话，如果他们没有把方方面面都考虑周全的话，他们是不会草率地回答问题的。5号倾向于完整地表达自己的想法或观点，所以当他们准备分享时，不要随意打断。

5号并不总是表达自己的感受。相反，他们更喜欢把自己从情感生活中抽离出来。这样，他们的思想就不会被感情所搅乱。他们善于观察周围的世界，而且经常是耐心的聆听者。他们极富同理心，非常关心他人，但有时也不会向伴侣分享自己的感受。

5号更喜欢在发生冲突之前腾出空间来进行思考。他们可能会安静下来，或者把自己封闭起来，找个地方好好进行思考。他们寻求清晰的逻辑来解决冲突，不愿让情绪占据上风。他们在思想中寻求一种稳定感，但这种与情感的割裂有时会导致与现实的脱离。

5号的伴侣可能很难发现周全的解决冲突的方法，因为很多冲突实际上发生在他们的内心。其他人格类型的人可能会大声说出自己的想法或努力地进行争论，但5号在重新参与冲突之前往往会退缩到一个安静的地方进行思考。如果被迫继续发生冲突，5号可能会因为没有足够的时间集中思考而大脑停止运转。情绪紧张的情况对5号来说是无法承受之重，他们通常更喜欢观察或分析自己的感受而不是感受它们。当他们有能力处理冲突时，他们会关注手头的事实，并深思熟虑、冷静地表达自己的思想。5号倾向于体谅他人，所以他们会竭尽全力用自己最具关爱的方式去处理冲突。然而，当他们的伴侣不理解时，他们的方式会让对方觉得不够体贴。

亲密关系

和大多数人格类型的人一样，5号渴望情感上的联结与亲密，但他们发现有深度（能触及灵魂）的交流与心灵联结同样重要。当5号在情感上和精神上与他们的伴侣联系在一起时，他们可以找到合适的性亲密空间。

5号很难跳出他们的思维模式，去更多地关注自己的身体。许多5号觉得他们无法掌控自己的思想，因此精神联系通常是情感联结的先决条件。信任感和安全感对于 5 号来说是非常重要的，所以他们通常不会即刻付出。他们需要一段时间来打开心扉，但一旦打开心扉，他们就能够建立起深层次的联结。在我的研究中，一些 5 号表示他们需要通过身体上的亲密接触来摆脱他们思维上的束缚。

许多 5 号发现他们一天中需要保留一些情感能量，以进行身体上的亲密接触。因为他们在不知所措时倾向于孤立和退缩，因此，精疲力竭的感觉会妨碍他们与伴侣的性亲密。在做好计划以便节省他们的精力和学会顺其自然之间找到平衡是很重要的。

许多 5 号表示，他们喜欢与伴侣保持身体上的亲密，这会让他们在关系中感到安全和完整。然而，也有许多 5 号表示，要突破思想上的束缚非常困难，他们宁愿不被触碰。无论是哪种情况，夫妻双方讨论各自对亲密行为的反应都是很重要的，这样他们才能更好地相爱。

关键点

对于 5 号来说

如果你是 5 号，当你因压力过大而感到不知所措时，你可能会倾向于逃避社交而选择独处。可以考虑与伴侣进行深入而有思想碰撞的交流以带给你新的活力。尽管你对伴侣的郑重承诺对你来说十分重要，但你不会经常重提你的承诺。请确保用你的言行让伴侣知道你多么关爱他。你可通过邀请你的伴侣加入你喜欢的爱好活动来与他建立联结。在你们关系的最初阶段，这样做似乎有点过于亲密了，但它可以建立一种有利于维持这段关系的联结。

对于那些正在与 5 号谈恋爱的人来说

如果你正在与 5 号谈恋爱，你可能很清楚，他经常需要离开你去寻找独处的空间。尽量不要把这件事看得太重，他这么做并非针对你。5 号需要独处来充电，但这并不意味着他不爱你了。重要的是要避免给他施加压力，因为这会让他感到不知所措，而且可能会进一步退缩。一定要给他空间，如果你真的想吸引他，那请主动"邀请"他而不是"强求"他与你建立联结。很多 5 号总是觉得自己与这个世界格格不入，所以你要倾听他的真实想法和感受。问问你的伴侣对什么感兴趣，并学习他擅长的知识。即使你对这个话题不是特别感兴趣，但如果他觉得你对他的兴趣点有共同语言，那他也是会感到被爱的。

忠诚型的 6 号人格

在感情方面，6 号是忠诚可靠的。他们会寻找一个值得信赖、始终如一的伴侣，好伴侣可以帮助他们平息不断的自我质疑。6 号一开始往往对他人持怀疑态度，并且会高度怀疑伴侣的潜在动机。一旦他们与对方建立了信任，他们就会长期保持下去。他们风趣、机智、善良，而且非常重视良好的关系。6 号经常会寻觅这样的伴侣：在他们焦虑的时候，伴侣保持冷静；在他们恐惧的时候，伴侣勇敢大胆。

6号的责任心非常强，所以他们在亲密关系中会事无巨细，安排妥帖，无论是日程安排还是厨房的清扫。通过周密的计划不仅可以确保工作顺利完成，而且可以帮助他们缓解不安的情绪。6号是很好的朋友，与他们建立亲密关系的前提通常是深厚、忠诚的友谊。6号行事比较谨慎，所以获得感情上的安全感对他们来说尤为重要。他们倾向于分析和过度思考彼此的关系，以寻找任何不安全或不被接受的迹象。有时，他们会对双方的这段亲密关系产生怀疑。重要的是，如果他们表达了怀疑，作为他的伴侣应该安抚他，而不要因他产生怀疑就对他发火。

发展层级

在不健康的状态下，6号会对伴侣产生怀疑，同时他们又害怕伴侣离开自己，所以会人为地制造冲突，导致亲密关系紧张甚至结束。在不健康的状态下，6号通常会考验他们伴侣的忠诚度，如果对方没有通过考验，他们就会进一步证明没有人是值得信任的。处于这种状态下的他们，倾向于过度剖析与伴侣的每一次互动，寻找对方可能暗示他将要被抛弃的蛛丝马迹。6号会不停地在将伴侣推开又把他们拉回来之间徘徊，因为他们害怕被抛弃，同时想相处得舒舒服服。结果，不健康状态下的6号会发现自己不断回到一段有害的关系中，皆因他们只懂得用这个方式来处理与伴侣的关系。

当处于一般健康状态下时，6号一方面处处怀疑自己的伴侣，一方面又对伴侣非常忠诚；他们既担心伴侣会离开，又承诺要共同成长。这些混乱的想法会导致 6 号产生不少困惑，作为他们的伴侣应通过安抚和身体接触帮助他们渡过难关。6 号在对伴侣有了更深入的了解并充分信任后，会产生较高的安稳感，所以伴侣表现出来的开放和脆弱的一面是他们所欣赏的，这会让他们感到更加亲密。一般健康状态下的 6 号在与人交往时往往风趣、迷人、忠诚，他们需要确信一切都在轨道上，当他们的伴侣能与其保持亲密的接触时，他们会感到最安全。

在非常健康的状态下，6 号对伴侣往往充满爱心、信任，情深意切，更加关注人和事业，他们对自己目标以及如何达成也更为明确。健康状态下的 6 号对他们所爱的人既忠贞又浪漫，他们极富安全感，做事沉稳、预见性强又不失风趣。他们非常诙谐，经常逗得伴侣开怀大笑，在欢声笑语中他们会感受到跟伴侣在一起的亲密。尽管 6 号向来都会做最坏的打算，但健康状态下的他们也会关注最好的一面。他们不会陷入质疑中或进行过度的分析，所以他们不需要别人来过多地安慰就知道一切都会好起来的。

沟通与冲突

和 1 号一样，6 号把忠诚看得高于一切，没有什么比谎言更让人憎恶。如果在亲密关系中出现了不好的事情，他们更希望以一种清晰、简洁、诚实的方式解决问题。当他们看起来很害怕时，是因为他们已经预判到了将会发生怎样负面的事情。当不好的事情真实发生时，他们不一定会感到惊讶，因为他们已经准备好了如何去应对。

对于所害怕和担心的事，6号经常会与伴侣分享。当伴侣对他们的焦虑表示失望或试图反驳时，这会让事情变得更加糟糕。最有效的方法是去证实他们的担忧，同时也给他们留出空间来处理他们所担心的事。当6号觉得他们有空间以这种方式处理时，他们会感觉到正在寻找的安全感，并经常发现担忧可能是不现实的。

当冲突发生时，6号通常表现出防御的姿态。在他们看来，冲突会降低他们的安全感，因此他们会尽一切努力来避免冲突。在与伴侣发生冲突后，有些6号会慌乱，他们需要一些思考的空间，而有的则已经做好了准备，很愿意投入到争论之中。

有时，6号之所以避免与伴侣起冲突，是因为这会让他们失去安全感。但通常情况下，他们想要确保一切都安好，他们会直面自己的恐惧来挽救关系。与许多人格类型的人一样，沟通是6号的首要任务。他们不仅需要感觉一切都良好，而且他们还想了解自己的感受，以及冲突的原因。当他们与伴侣相处时，他们可以找到安慰、联结，以及避免今后再起冲突的步骤。

亲密关系

6号希望与伴侣一起度过的时光是高质量的，并能够感受到安全和被爱，他们想要跟伴侣建立一种"家"的感觉。拥有高质量的相处时光、完全的坦诚和开放的交流都能让6号在亲密关系中感到舒适和安全，这种安全是情感和身体亲密的先决条件。他们倾向于在友谊的基础上建立起情感联结。想要真正完全了解6号需要耐心，他们往往谨慎对待要接纳的人,一旦建立了互信,他们就会表现出自己脆弱的一面。

当6号感到安全时,他们就会全身心投入到感情中。但有时他们会担心,伴侣并不能像自己一样投入相同的情感。一句令人暖心的话语或一个体贴的举动会提示6号,他们的伴侣是非常在意他、关心他的。关注和体贴是与他们建立亲密关系的最佳方式。他们能感觉到别人的不真诚,所以假装真诚反而会削弱他们的信任。当6号外在健康的状态和忙碌的时候,他们是体贴的、周到的、专注的,他们会为伴侣提供他们所寻求到的稳定和宽容。

在进行身体上的亲密行为之前,6号往往需要有安全感和联结感。相互信任、耐心和健康的关系是性行为的首要先决条件。他们需要确认的是,自己生活中的亲密部分不会被外人知道。在调查中,许多6号表示,因为他们有质疑自己的倾向,所以非常需要获得伴侣的安慰,对他们在亲密关系上的表现予以肯定。一句友善、肯定的话语可以帮助他们与伴侣之间建立起信任和联结。

6号属于思考型,他们会被自己的思维束缚,很难活在当下。只有处在恰当的情感状态下才会对他们有所帮助,但更重要的是,他们需要逐步建立亲密关系。一天中有意的关心举动,如为对方按摩背部或拉他的手,都可以为今后的亲密关系打下基础。身体上的亲密接触实际上可以帮助6号平息思绪过度的倾向。6号通常是充满激情的,所以只要用心呵护这种联结,他们与伴侣的关系会越来越亲密。

关键点

对于 6 号来说

你对伴侣的郑重承诺能为亲密关系带来极强的稳定性。但是如果你需要时不时地向伴侣做出保证,就会给你们的亲密关系带来信任危机,应尝试找到表达承诺的方式。频繁的提问有时会令人不安;试着把注意力集中在你的伴侣和彼此关系中好的方面,而不是可能出错的方面。然而,如果有些 6 号发现自己的亲密关系是其生活中唯一不会去质疑的事情,在与他人和自己的关系中找到安全感和信任感就是对自己的一种治愈。

对于那些正在与 6 号谈恋爱的人来说

当 6 号向你敞开心扉,分享他的焦虑和恐惧时,请你务必耐心倾听。伴侣如果因为 6 号的焦虑而感到沮丧,6 号则会产生被深深地误解和被拒绝的感觉。试着问他一些问题,给他空间去处理,而不是减少他的恐惧。询问"如果发生了这种事,我们该怎么办"比"这永远不会发生"更能平息他的恐惧。如果你正与 6 号谈恋爱,一定要对他诚实,因为即使是善意的谎言也会破坏彼此之间的信任。精心策划一个约会,抽出时间用心地和他联系,并在他感到不稳定时及时安慰他。

活跃型的 7 号人格

7 号是爱玩、精力充沛、善于自我表现和异想天开的人,无论他们走到哪里，都能带来光明和欢乐。由于他们轻松愉快的天性，有的人有时会认为他们过于轻浮，不适合投入到一段感情中，但这种看法并不一定是正确的。当 7 号找到合适的伴侣时，他们就会非常忠诚。如果他们觉得自己的伴侣不会放弃这段关系，那他们也会坚持走下去。

7 号往往相当独立，但也会想办法让伴侣高兴。他们所喜欢的是既能让自己感到自由又踏实放心的伴侣。在一段长期的亲密关系中，他们能够找到与伴侣共同生活的最佳方式。在亲密关系中，有时他们也会就自己处处都要表现出风趣可爱而产生倦怠感。因此，如果 7 号的伴侣能表达出期望他回归本真，将能够促进彼此更加深入的了解。

发展层级

当处于不健康状态时，7 号可能会因他人的关心和照顾感到压抑。他们总能在生活中寻找到很多让自己感到过瘾的事物，如有趣的东西、解馋的饮食、性爱活动、刺激肾上腺素分泌的物质。他们冲动、焦虑、独来独往。由于他们认为，一段亲密关系只会带来痛苦和不幸，因此有意逃避情感上的联系。在不健康状态下，7 号喜欢从精神上和身体上自我封闭，因为他们看来这是避免陷入困境的唯一途径。他们会变得做事严格、死板、追求完美，而这与他们正常状态下的人性模式正好相反。

在一般健康状态下，7 号风趣而聪明。他们有时会因亲密关系而感到窒息,但他们也会对自己所爱的人负责。一般健康状态下的7号不太会多愁善感,因为不确定未来会怎样,所以全力以赴地寻求下一个机会。处于这种状态的他们可能会发现,一路走来他们的伴侣要么是一个令人兴奋的挑战,要么是一个沉重的负担。他们说"是"的频次要大于说"不"。不管有没有伴侣,他们总会有一个接一个的有趣的冒险。他们一旦对一段亲密关系做出承诺,就会努力让他们的伴侣感到被爱、幸福和满足。他们坦率地展示自己,并在对方身上寻找同样的真实。在一般健康状态下,7号常常在困境中变得脆弱,所以他们需要时间来敞开心扉并全身心投入。

在健康状态下,7号活力四射,并与现实融洽相处。他们在好与坏中都能够发现美丽、快乐和其中的意义。他们不害怕看到生活中充满挑战的部分,活在当下并与之联结。他们的热情并不会驱使他们走向未来,而是让他们立足于当下。

7号与伴侣关系密切,并全身心投入到这段关系中。他们不追逐自己的追求,而是寻找机会和伴侣一起追逐。不太健康状态下的他们倾向于拒绝自己的感觉,但是健康状态下的他们能够很好地平衡自己的积极情绪和消极情绪。

沟通与冲突

7号是积极乐观的沟通者。他们不喜欢陷入消极的泥沼,特别欣赏保持开放心态的伴侣。他们有时看起来很爱争辩,因为他们经常先说出自己的想法,通过抛砖引玉引发争辩,以便进行头脑风暴。他们希望自己被认真对待，但他们并不想马上就解决问题，可以在以后逐步处理。

7号通常不会说出自己的感受。他们快乐的举止会让别人误以为他们从来没有被尖锐的批评伤害过，而事实上只是他们没有表现出来而已。7号往往是有感情的，但他们不经常交流或思考感情。他们尤其不愿面对负面的情绪，即使他们知道在健康的浪漫关系中这是正常现象。在7号表达自己之前，给他们一些时间来处理情绪可能会有所帮助。

7号通常很难与冲突打交道，因为这需要深入到他们极力避免的消极情绪中去。如果他们意识到冲突是不可避免的，那么他们倾向于努力保持积极的一面，并尽快消除这一情绪，这样他们就能回归到幸福和平静的生活中。这有时会让其他人觉得7号置身度外。因此，需要记住的是，首先要妥善处理冲突，这对他们想要的真正幸福是非常有帮助的。

7号喜欢通过开玩笑来缓和紧张的气氛。少数健康状态下的他们往往很难承认自己的言行伤害了别人。用"我"的语言来描述感受有助于更好地与7号进行沟通："当你说这句话时，我感觉到了。"这种语言可以减轻一些压力，为避免冲突打下更好的基础。在内心深处，7号避免这种冲突，因为他们不想承认自己的所作所为伤害了对方，他们渴望让自己的伴侣感到快乐和满足。听到伴侣心烦意乱，会让他们觉得自己没能够满足伴侣的需求。

亲密关系

7号并不会轻易相信任何人的情感需求,所以与伴侣分享这些需求能培养真正的亲密感。他们往往有很多兴趣爱好,当他们能够与伴侣分享自己的爱好时,就会觉得和自己的另一半很亲近。当他们不必分享他的兴趣爱好时,他们也会感到与对方有着很深的联结。如果他们能放松下来、放下戒备,双方就能享受到独特的浓情蜜意。

7号通常喜欢尝试自发性、趣味性的新事物。在研究中,我发现7号在享受性爱的同时,他们的大脑会急匆匆地想着下一件事。随着时间的推移,建立的情感联系会使他们更专注于当下。许多7号享受着活跃的性生活,并希望最大限度地利用与伴侣在一起的时间。7号非常希望自己的伴侣能够感到快乐,而身体上的亲密关系是实现这一目标的途径之一。

当被问及这一问题时,九型人格中大多数类型的人都认为情感上的亲密必须先于身体上的亲密。但7号认为,有时候做爱比建立情感上的联系更容易。这并不意味着性就可以满足他们对亲密关系的需求,事实上,许多7号提到,当身体亲密和情感亲密并驾齐驱时,他们会感到更满足。

7号可能看起来心胸开阔、异想天开,他们中的许多人对他人非常敏感,但他们仍然是思考型。这意味着他们更多地使用他们的大脑来接收和处理信息,而不是感情用事。创造情感亲密的空间通常需要有意识的时间,并在做其他事情时保持联系。最重要的是,

7号在情感上做出承诺可能需要时间,但一旦他们这样做了,他们就会变得深切而忠诚,而且更能表达出自己的情感。

关键点

对于7号来说

流露出自己的脆弱可能很困难,尤其是在一段关系的最初阶段。但你又很看重真诚,所以这还是值得你优先考虑的。你在生活中寻求充实感和满足感,但你渴望的真正满足感可能存在于伴侣关系中,而不是更加独立。回避情绪对你们的关系有什么影响?你今天能以怎样简单的方式充分展现自己呢?作为7号,你以充满勇气而闻名。现在,想想脆弱如何能转变为强大,它可以帮你找到你所追寻的快乐。

对于那些正在与7号谈恋爱的人来说

如果你正在与7号谈恋爱,重要的是让他感觉到你想和他一起做有趣的事情。他常常会觉得别人试图让他活在当下,但在当下并没有任何有趣或吸引人的东西。此时此刻,通过与他互动和真诚以待来表示你的关心。通过有趣的活动给他惊喜,来表达你对他的爱,并不断欣赏他的幽默和热情。

领袖型的8号人格

在人际交往方面,8号充满激情、目标明确,感情上的投入非常大。因此，他们会塑造出坚强的外表，并尽可能地保护好自己不受他人的情感控制或遭遇伴侣情感上的背叛。但在一段忠诚的亲密关系中，他们会拆除内心的高墙，让伴侣感受到他们对所爱之人的深情与温柔。

8号对他们的伴侣及彼此的关系呵护有加，并且会尽自己的最大努力防止与伴侣发生冲突。8号渴望一种真诚、真实的亲密关系，这在他们身上表现得淋漓尽致。他们通常很少情绪化，但会凭直觉分辨出谁是值得信任的人、谁是不诚实的人。8号对伴侣是忠诚的，也非常看重彼此间的信任。一旦发现自己的伴侣有什么不诚实的言行，他们对伴侣的信任就会大打折扣，且很难重新建立起信任来。正因如此，8号真正信任对方并敞开其心扉、放心地暴露出自己缺点需要相当长的时间。他们直率而诚实，如果伴侣敢于反对他们的观点，他们会很欣赏伴侣有这样的勇气。他们想要的是一种合作关系，这种关系直观上意味着要互相给予与相互接纳。

发展层级

在不健康状态下，8号会显得咄咄逼人、傲慢无礼。他们很少顾及他人的感受，他们每到一处都会盛气凌人，令人窒息。不健康状态下的8号会强迫别人按自己的喜好行事，并想要控制身边的每个人和每件事。他们可能对伴侣有很强的占有欲，或者认为伴侣想要控制他们。他们对伴侣的背叛有着天然的恐惧，同时会隐藏自己的脆弱。

在一般健康状态下，8号很自信，倾向于追求生活中自己想要的东西。他们通常是果断的，与自己的欲望保持一致，并会根据自己的信仰和需要行事。对于他们来说，他们大多数行为的潜在动机是抗拒控制。有时，他们在做决定时可能会对伴侣的感受或想法置之不理，因为他们坚信自己知道该怎么做。他们可能很温柔，但如果他们对伴侣不是百分百信任的话，他们就会对伴侣有所防备。在一般健康状态下，8号想要建立一种深刻而有意义的联系，并渴望情感上的亲密关系，即使他们并不太知道如何去创造这种联系。他们在工作上非常努力，以期通过改善生活品质来满足伴侣在物质上的需求。

而在健康状态下，8号充满爱心、亲切和慷慨，他们自信而果敢，知道什么时候自己的决定会影响到他人。他们会综合考虑双方的利益，而不仅仅只在乎自己。他们能看到伴侣身上的潜力，并努力让伴侣把其最好的一面发挥出来。8号对伴侣是忠诚的、值得信赖的。他们允许伴侣看到自己脆弱的一面，并认为这种脆弱是一种力量而非弱点。而且他们已经学会了在做出反应之前先停下来思考，这有助于他们与伴侣培养更牢固的亲密关系。

沟通与冲突

8号对他们所做的一切都充满激情，言行上也激烈异常。这种强烈的情绪经常被误解为愤怒或发泄负面情绪，这对那些只想要说出真相的8号来说是一种挑战。他们往往表现得比他们预期的更强烈，一旦他们身边的人接受不了这种热情的表达方式，彼此的沟通就会出现问题。

8号说话直言不讳。他们避免被控制的策略之一就是，以不容置疑的权威身份来表达自己的想法。他们本打算发起一场对话，但通常由于他们说话的方式过于自信，反而让他们的伴侣觉得他们试图拥有最后的发言权。需要注意的是，8号发怒并不一定针对他们的伴侣，更多的是针对在他们周围出现的不公正和不诚信现象。有时，他们说话的语气好像很生气的样子，其实他们根本没有生气。充满激情的他们有时会很大声地表达自己的想法和意见。

8号敢于直面冲突。他们从不拐弯抹角，认为解决问题的最佳和最快方法是每个人都畅所欲言。他们通常不会回避冲突，尽管有时候，激烈的争论可以增进双方的亲密关系，但从一般健康状态下到健康状态下的8号并不热衷争吵，他们更希望从被了解和被爱的感觉中找到情感上的慰藉。

学习九型人格对8号来说非常有帮助，因为他们一辈子大都被贴上"强势"的标签。8号需要凭借他们的力量和激情来度过一生。他们可能热情好客，但那不是他们的主要特点。学习九型人格可以帮助他们及其伴侣明白，他们大多表达的愤怒并非针对个人。他们是典型的"全有或全无"型，要么全力以赴，要么干脆放弃。他们喜欢用大嗓门说话，其他人可能会因他们的出现感到恐惧，尽管这并不是他们想要的效果。8号的确希望自己能进行更深入的交流，但是因为他们习惯了其交流方式而备受他人诟病，所以一旦觉得被误解了，他们也不会选择逃避。

亲密关系

在真正获得安全感之前，8 号往往会有所戒备，因此他们进行身体上的亲密接触要比建立感情上的亲密关系更容易一些。他们需要时间来与伴侣建立信任，让他们真正可以在伴侣那里展现自己的心理脆弱性，并感受到与伴侣的联系。8 号外表强硬，所以其伴侣有时会认为他们根本没有或不在乎自己的感受。然而，8 号在感到不舒服的时候，除了愤怒，他们不会表达出别的情绪。

为了找到他们真正需要的情感亲密，8 号必须感觉到伴侣的关心，特别是当他们很脆弱的时候。当他们与自己的伴侣分享彼此间的感情时，重要的是让他们感受到被倾听和被重视，而不是被忽视。你能提供给 8 号修复脆弱的最好方法是给他们留出不受干扰的时间。这意味着你与伴侣一起做一些愉快的事情，如一同徒步旅行或试吃一家新餐馆，而有时简单地待在同一个房间。无论哪种方式，都是通过感觉被倾听和被理解而逐渐建立起联系。如果 8 号觉得伴侣没有倾情投入或毫不在意，他们就不会在这段感情上浪费时间。

沟通对 8 号来说很重要，因为他们经常感到被误解。身体上的亲密关系是相互的，这一点很重要。他们有时觉得身体上的亲密比情感上的亲密更容易培养，但这并不一定意味着他们不想要情感上的亲密。事实上，有时身体上的亲密会带来更强的情感联结。

如果 8 号不确定自己是否会被对方接受，那么他们不会主动出击。在他们看来，过于主动是示弱的表现。他们一般都爱冒险，但是在恋爱中经常求稳。如果他们感觉对方也在付出与给予，就更有可能感受到伴侣的爱和需要，这可以使亲密关系更加牢固，走得更远。

关键点

对于 8 号来说

作为 8 号，界限感在你的人生中让你有安全感。那些界限是你的屏障，可以防止来自那些不尊重你或不重视你的人的背叛伤害到你。但你要知道，你的界限有时也会把你与他人隔离开来。你能否清楚地看到你选择脆弱时的强大之处？你是否能发现自己与伴侣在情感上相互联结的价值所在？有时候，这种情感联结是通过关注对方说话的语气，而不是通过谁拥有最后的话语权来实现的。在你们当下的亲密关系中，你又该如何与伴侣建立起更牢固的情感联结呢？

对于那些正在与 8 号谈恋爱的人来说

8 号是最容易被误解的九型人格之一。8 号经常表达他们的激情，甚至经常表达他们对于世界上不公正或缺乏保护的愤怒，但这并不意味着他们对伴侣很生气。你应该尝试给他一定的空间，让他察觉自己的感受，允许他不针对个人地去表达自己的愤怒，允许他表现出脆弱，或者和他一起快乐、一起激动。8 号通常会抵制别人想要控制自己"不恰当"情绪的企图，那就给他一个安全的空间，让他做自己吧。

平和型的 9 号人格

在恋爱关系中，9 号能够给伴侣一种温柔乡的感觉。他们想要营造一种和谐而充满爱的状态，并让他们的伴侣感受到稳定和有依靠。9 号也被称作九型人格中的"小可爱"，因为他们极易相处。他们以平和的天性和积极向上的性格讨人喜爱。他们办事公平、公正，并且对同一问题的不同观点也能够理解与包容。

9 号通常不喜欢来自他人的压力，尤其不喜欢依照别人所期望的去做。因此，他们倾向于接纳他人，并避免对自己的伴侣寄予期望。

发展层级

当处于不健康的状态时，9 号会退缩，以避免他们内心的平静被搅乱。因为这个世界充满了可能会让他们失去平衡的挑战，所以在不健康的状态下，9 号会把所有的人和事都拒之门外。他们在亲密关系中变得自满，对伴侣的态度也变得摇摆不定。他们会通过吃喝玩乐、看书、刷剧、睡觉等方式来麻痹自己在感情上的不顺利，从而使自己的心灵远离深深的不安感。但一阵阵的麻木可能会被一阵阵的愤怒打断。

在一般健康状态下，9 号更专注于他们的亲密关系，不过他们并不太在意自己内心的声音，这或许主要跟他们不太看重自己的想法和意见有关。所以，他们会听从伴侣，以保持平和的状态。9号有时即使不同意对方的观点，也会说服自己同意。但在某些情况下，为了避免冲突，他们会立即答应，但随后又会固执己见，在没有进一步讨论的情况下拒绝合作。在一般健康状态下，他们热情体贴，想为他们自己与伴侣的关系创造一个舒适的空间。当他们感到舒适时，他们可能会变得自满，就不再想做那些能让伴侣感到有价值的小事情。如果伴侣可以分享这种感受，将有助于他们继续做一些让伴侣感到被爱的事情。

在健康状态下，9号能够听到自己内心的声音，这同样可以带来平静，并伴随着真正的和平。他们明白，在亲密关系中产生一点小小的冲突对实现和平的目标是有益的，并不会削弱彼此的亲密关系。在他们看来，维护自己的权益通常是值得的，而且他们可以找到一种优雅的方式来做到这一点。健康的9号稳定、安静、自信，能够客观地看待事物。他们为伴侣提供安全感和舒适感，而又无须对自己的伴侣百依百顺。当感到被伴侣逼迫的时候，他们敢于直面亲密关系，并能更好地表达想法和感受。

沟通与冲突

在交流过程中，9号通常需要退后一步来思考。他们点头表示他们听到了，但这并不意味着他们同意说话人的观点。许多9号深知自己真正需要什么，但是不相信自己说出来后别人会听。其结果就是，他们经常发现其伴侣根本不期待他们发表自己的意见。主动询问他们的想法或感受会有所帮助，但关键在于，要让他们认识到向伴侣倾诉是安全的。如果9号在说话时被对方打断或感到他的阐述遭到对方的嫌弃，就会沉默不语。所以，只有感觉被倾听，9号才能继续提出自己的想法。

在一段忠诚的恋爱关系中，随着彼此关系变得更加舒适，9号也更加直言不讳。有时这会导致他们与伴侣关系的紧张，如果他们真的对某件事充满激情，他们完全可以稍微带动一下气氛。对他们施压往往会导致其退缩，而且他们会表现出非常固执的一面。

因为9号的言行出发点集中在与人和睦相处上，所以他们一般不喜欢冲突，与他人摩擦会让他们觉得是一种威胁。他们喜欢保持积极的态度，尽可能避免冲突。如果避不开的话，充分地与对方沟通是他们的首选，直到双方再次达成和解为止。

随着年龄的增长，9号逐渐认识到小冲突也是健康的亲密关系的一部分，也是两人带着他们全部的想法、思想、观点和情感向对方展示的信号。在这种背景下，他们不再把冲突看得那么可怕了。

学习九型人格可以帮助9号了解他们与自己的需求和欲望不协调的地方在哪里。有些9号确切地知道自己想要什么，并在感到安全时就会很舒服地说出来。然而，大多数9号让真实的自我沉睡着，并与身边强势的伴侣融为一体。沟通对他们来说至关重要，交流可以帮助他们更多地了解自己以及自己想要什么。

亲密关系

9号通过与伴侣共度美好时光，在自己的伴侣关系中寻求舒适与和谐。对他们来说，情感上的沟通至关重要，他们欣赏伴侣对话中的耐心、温柔和善良，这些都是营造亲密情感的方式。9号有时候觉得自己在这个世界上是隐形的，所以让他们懂得可以被看到、被听到、被爱着对建立情感联结来说很重要。当他们与伴侣真诚地交谈，或者做一些有趣的事情时，他们往往会感到被对方重视以及与对方紧紧地联结在一起。

身体上的亲密关系很容易影响到9号的情绪，所以他们需要在一天里保留一些精力来全身心投入二人世界中去。他们往往对他们所爱的人非常热情，并且会体贴地共同打造一个有深度的私人空间。

在我的研究中，许多9号都说，需要花时间与伴侣在一起，照顾好彼此，并在上床睡觉之前保持情感上的联结。他们并不总是主动提出或要求亲密，但这并不意味着他们不想亲密。对于他们来说，迈出第一步需要勇气和精力，因此当伴侣承认并赞赏他们的努力时会有所帮助。9号在决定分享自己真正想要的或需要的东西时通常需要完全感到舒服自在，他们希望感受到尊重和关心而不是压力。对于许多9号来说，被倾听、被重视和被呵护是日后走向亲密关系的重要基石，但把情感上的安全感与性行为区分开来对他们来说并不是一件容易的事。

在人际交往中，9号大多扮演着被动的角色；但在私下里，他们有时喜欢表现得很有主见。有些9号觉得在私密空间的样子与日常生活中的表现反差很大。因此他们不愿被动，而是更喜欢掌控一切。他们喜欢让伴侣开心，当他们感受到了情感上的亲密后，就会全身心投入到亲密关系中。

关键点

对于 9 号来说

让作为 9 号的你在亲密关系中全身心地投入是很困难的，尤其当你感觉全世界的压力源源不断地袭来时。即使真想要和伴侣活在当下，但为了满足各种需求也会让你特别疲惫。通过做一些运动，如锻炼或呼吸疗法，你可以使自己的身体变得更加协调、更有型。这些简单的参与方式可以帮助你更好地活在当下，建立你想要的联结；同时也提醒你，你在自己的生活中拥有主导权。只有说出你真正的需求，你才会拥有真正的平静。

对于那些正在与 9 号谈恋爱的人来说

如果你正在与 9 号谈恋爱，当他愿意跟你分享时，那么停下你正在做的事情，认真地倾听。9 号觉得自己在这个世界上没有什么存在感，所以得到伴侣的认可和关注对他来说太重要了。当 9 号敞开心扉时，他需要一位聆听者，此时你可以通过不打断、点头和重复他所说的话来表明你正在聆听他直抒胸怀。这些简单的步骤可以帮助他感觉被倾听和被理解。他只有在鼓起了很大的勇气后才会说出"不"。如果他们感受到强大的压力，就会变得固执己见，这时，沟通是与 9 号建立深度亲密关系的关键所在。

The Enneagram in
Love
A Roadmap for Building and
Strengthening Romantic
Relationships

第 3 章

不同人格配对的伴侣，如何才能幸福长久

九型人格的每型两两配对,都有其特定的方式。我们常常认为,其他情侣都不会像我们一样在恋爱关系中苦苦挣扎,然而,我一次又一次地听说九型人格的配对描述是如此准确。就我个人而言,当第一次读到我和丈夫的类型之间的相互影响时,它不仅很好地描述了我们的关系,而且非常准确地识别了我们需要成长的领域,这使我非常震惊。

当你阅读本章时,请记住以下几件事。

请注意相同类型的配对并不常见。虽然我们没有深入研究亚型的主题,但是理解它们同样很重要,特别是当你与伴侣属于九型人格中的同一型时。为了解更多,我已经收录了两本亚型专家比特丽丝·切斯纳特(Beatrice Chestnut)博士的书(参见参考资料)。当两个相同类型的人处于一段伴侣关系时,侧翼和原生家庭的沟通风格会增加重要的细微差别。

如果希望通过学习九型人格后指导你恋爱,我有个坏消息要告诉你:没有"最相容"的九型人格配对。这种洞察力通常会让寻找爱情的人失望。但归根结底,是否收获爱情最终关乎那些为个人成长和身心健康而努力的人、愿意献身并在人际关系中付出艰苦努力的人，以及善良、有爱心、对伴侣反应积极的人。只要你愿意付出努力，任何配对都能很好地发挥作用。所以，这里也有个好消息：如果你已经恋爱了，你大可松一口气，因为你知道自己并没有和错误的那一型人格的人在一起。

完美型 1 号 vs 完美型 1 号

在一段关系中，两个 1 号可能会发现彼此很般配。1 号往往做事认真，待人接物彬彬有礼，在生活的方方面面，他们愿意把所有的责任都扛起来。如果自己的伴侣也是 1 号，其中一人可能会感到轻松许多，因为 1 号伴侣会主动承担责任，自己不需要事必躬亲。在任何关系中诚信都很重要，但对于 1 号来说，它却是最高原则。1 号会把信任放在首位，伴侣间的正直和诚实是彼此信任的先决条件。

1 号重视伴侣之间的相互尊重。他们的一言一行刻意而谨慎，讲究个人品格。因为他们能够理解内心拥有一个强大的批评家是什么感觉，所以 1 号可能会鼓励对方更加积极、友善和宽容自己的错误。相反的情况是，两个 1 号的内心都存在批评的声音，反而会成为一个盲点，即很容易忽视。并不是每个人都能以这种独特的方式体验生活或进行自我对话。

虽然 1 号喜欢找乐子，但他们通常会把乐趣放在一边，首先要完成一天中必须完成的所有事项。在他们看来，自己的任务还没有完成哪有什么闲暇时光来享受。当两个 1 号配对时，这种动态可以有更多的平衡，但两个 1 号在一起则需要有意识地共同营造娱乐空间，并能一直持续下去。例如，周末的出游、晚上的外出甚至是下午的散步，都有助于两个 1 号释放将所有事情都联结在一起的需求，并向更亲密的方向发展。

优势：两个 1 号可以彼此支持，帮助对方感受到亲密关系中的平衡状态。

需要努力的地方：一旦两个 1 号固执己见，都不肯让步，问题往往得不到解决，积攒的愤怒可能会转化成怨恨，让两人的关系出现裂痕。努力消除僵化思维，练习从不同的角度看问题。

完美型 1 号 vs 助人型 2 号

1 号和 2 号可以成为很棒的一对！两者都关注当下的人和事，会首先去处理紧急的任务。他们善于行动，知道自己要做什么，这么做是因为他们希望身边的人生活得更好。1 号的内心虽然有一个严厉的批评者，但却可以被 2 号的耐心和善良所柔化掉。2 号更富有热情，更能去鼓动别人，对伴侣有着真挚的爱。在 2 号眼里，他们是唯一能够给予帮助、乐于奉献的人，而 1 号做事坚持不懈以及具有较强的责任心恰恰让 2 号觉得他们很般配。同时，1 号通常会关注他们所爱的人最关心的事情，不管伴侣是什么类型，他们都会努力去取悦自己的伴侣。

总之，1 号和 2 号有着相同的价值观：做正确的事；做对他人最有益的事；成为一个积极、友善的人。他们都是身边人学习的榜样，也常常成为社会栋梁。在一定程度上，1号和2号都自认为需要对身边人的幸福负责，但这未必是一件好事。一方面，因为他们关心别人的幸福，也深深关心着彼此，因此在时间和精力上能够慷慨地付出；另一方面，他们有时可能承担了过多的责任，投入的精力过多，这会让他们过度透支，感到疲倦甚至产生怨恨。

九型人格所强调的自我照顾的具体方式，可以帮助所有类型的人保持平衡。1号和2号通常需要一点鼓励去释放对自己和别人的期望，并且花时间好好照顾自己。如果他们忽视了个人成长，为发展他人付出的持续努力实际上反过来会阻碍他们双方都渴望的亲密关系。2号和1号都需要牢记的是，每个人的能量付出需要内外平衡。

优势：1号和2号都倾向于做事目的明确、尽职尽责、有始有终，他们也都把伴侣放在心上，关爱有加。

需要努力的地方：两个人都想奉献自己，让二人的世界变得更美好，其中1号往往更倾向以任务为导向，而2号则更人性化一些。1号做事偏理性，这可能会让2号伴侣感到枯燥和死板，而2号的主动与激情对1号来说可能过于情绪化了。

完美型1号 vs 成就型3号

1号和3号配成的一对大多以任务为导向、成就卓越，会给人留下深刻的印象。1号欣赏3号积极乐观的心态，而3号则钦佩1号无微不至和深思熟虑的做事风格。即使是相似的目标，他们实现的方式也不尽相同。当事情进展顺利时，他们会看到彼此是相互支持的、伴侣是有能力和有爱心的。

1号和3号都致力于成为最好的自己。尽管他们会把情绪的宣泄当成两人亲密关系进一步发展的障碍，但他们可以学着接纳情绪宣泄对他们个人发展的影响。他们倾向于一起调整节奏、共同构建并支持他们的亲密关系。在日程表中腾出娱乐和玩耍的时间对他们来说是很重要的，这样那些日常琐事就不会像例行公事了。

1号和3号各自为两人的关系奉献出一些有价值的东西。3号对伴侣的真实潜力有着不可动摇的信心，从而最大限度地减少来自1号内心的批评。有了3号的陪伴支持，1号觉得他们什么都能做成。1号的存在和一致性可以缓解3号活在未来而非当下的倾向。当事情进展不顺利时，1号可能会发现3号伴侣变相的不诚实。记住，不诚实对1号来说是致命的，是亲密关系的杀手，3号可能会发现1号伴侣的原则性方法过于死板、令人窒息。

优势：1号和3号都有很高的工作效率，并欣赏彼此，可以相互依赖。

需要努力的地方：为了把事情做好，两者都倾向于把感情放在一边。1号倾向于稍后处理自己的情绪，而3号则倾向于完全向前看。学习如何真正感受并找到休息的空间是关键。

完美型 1 号 vs 自我型 4 号

在绝大多数九型人格的配对中，双方可以互补似乎是建立良好关系最重要的方面。1 号和 4 号在一起绝对是完全互补的一对，因为他们都是理想主义者，对未来充满憧憬。4 号往往更爱突发奇想、心血来潮，更爱自我表现，也更开放一些，这些显著的特点可以帮助 1 号重新激起他们内心的想法和感受。1 号的思考逻辑更加倾向于非黑即白，所以 4 号伴侣的开放性思维可以帮助 1 号更加灵活地去思考问题。

1 号和 4 号都会在两人的精神世界中寻找有深度的和有意义的亲密关系，在生活中追求卓越。他们的目标是通过观察并完善这个不完美的世界。1 号和 4 号搭档的夫妻能够共同营造一个美好家园，或者策划一个有趣的藏书活动。1 号可以感受到 4 号伴侣是非常懂自己的。与此同时，4 号也很清楚，要想让 1 号伴侣内心的批评者沉默，需要采取肯定和认可 1 号伴侣的方式。作为回报，1 号可以看到 4 号伴侣的最大潜力，并向他们展示他们有能力实现它。

这两种类型的人都倾向于把反馈看得很个性化，这会给双方的亲密关系带来挑战。例如，当 4 号建议 1 号放松一下时，1 号则建议 4 号伴侣一起赶紧行动起来，此时双方的沟通可能迅速恶化。在这段关系中，用真诚的善意、优雅的言行和满满的爱进行互动，并在任何情况下给予对方充分的肯定尤为重要。

优势：1 号和 4 号都是追求卓越、有远见卓识的人，虽然会产生冲突，但可以很好地弥补对方的不足。

需要努力的地方：4号和1号都会认为自己生活在一个不理想的世界里，从而很容易陷入一种悲观情绪中。各自注意并多聊聊对方身边的美好事物，这对帮助伴侣增加彼此间的同理心很有成效。有时，4号可能会觉得1号伴侣在试图改善他们的关系，而1号可能会觉得4号伴侣表达得有点过。1号和4号都试着努力去了解对方的观点，将有助于增进彼此的情感联结。

完美型1号 vs 理智型5号

1号和5号有很多共同点，他们都是很有想法的人，做任何事情都会全力以赴。他们都会花时间和精力去了解对方，并且欣赏对方为了维系感情稳定而付出的一切。1号喜欢5号伴侣遇事沉稳、经验老到、深思熟虑，同时5号受惠于1号伴侣做事的高标准和对细节的关注。

这两种类型的人都倾向于独立，都更喜欢花时间来独立处理和思考问题，这有助于这对伴侣避免彼此厌倦对方。这种关系稳定且牢靠，特别是1号和5号沟通时都能保持理性、思考时更具逻辑性，而不会被情绪所左右。

5号倾向于对晦涩难懂的话题产生好奇与兴趣，他们好奇的本性使得处理问题更加有趣，特别是当1号伴侣也愿意去探索和了解这个话题时。1号一般更注重行动，通常会处理好所有的实际问题以促进这段感情的进一步发展。但是建立他们所渴望的深度忠诚和信任需要时间，一旦建立起来，这两种类型组合的伴侣都倾向于长相厮守。

当 1 号在做决定时,他们的想法是不会轻易改变的。他们坚持自己的信念,并且能为自己的观点进行完美的辩护。然而,5 号在学习新信息的同时,却会让自己的想法不断调整。因此,5 号可能因为 1 号伴侣过于死板而感到沮丧,而 1 号又会感觉 5 号伴侣的想法多变且不可预测。

优势:1 号和 5 号都在以不同的方式给他们的关系营造平稳的氛围。

需要努力的地方:通过反馈可能会让 1 号觉得自己有问题,就像他们内心的批评声音不断告诉他们的那样。1 号提出的建议会让 5 号伴侣有受到批评的感觉,这会导致他需要独自冷静以恢复状态。这对于 1 号和 5 号组合的伴侣来说,很重要的一点是,在提出问题时都要尽量温柔,多肯定对方,并给予对方调整的空间。

完美型 1 号 vs 忠诚型 6 号

1 号和 6 号都是对爱情忠贞不渝、待人接物彬彬有礼、办事很负责任的人,在人际关系和社会交往中,他们都非常在意忠诚度和责任心,并经常思考如何让世界变得更美好、更安全、更适合每个人居住。就像 1 号和 5 号组合的伴侣关系,1 号和 6 号组合的伴侣关系也是慢慢建立起来的,一旦双方感到他们的亲密关系稳定了,这段关系就会很牢靠。不过,他们彼此信任、不猜疑是先决条件。

6号欣赏1号伴侣做事周详和富有责任心，从1号伴侣的自信和对细节的把控中，6号感到踏实和舒心。1号欣赏6号伴侣在自己做事严谨的风格上辅以智慧、先见之明，并与自己建立深厚的感情。1号虽然也享受乐趣，但他们通常认为尽职在先享乐在后。当1号和6号生活在一起时，他们会共同承担责任，也会尽量让对方轻松一些。在他们看来，没有谁需要承担所有的责任。

1号和6号都喜欢凡事具有可预见性。幸运的是，对这对情侣来说，两个人都是非常靠谱且高度一致的。无论是哪一类型，一旦发现所处的世界变化太快，就会觉得生活变得混乱不堪，所以他们会通过用常规化、系统化处理问题的方法，来改进1号的僵化问题，并缓解6号伴侣的焦虑情绪。他们所面临的挑战是不要太拘泥于这一策略。

6号通常需要1号伴侣主动与他沟通，才能感受到他们的亲密关系是安全和稳定的，当然他们会很感激对方。当1号伴侣变得愤愤不平或沉默不语时，6号能预感到这段关系处于危险之中。当1号不确定别人如何回应他们时，他们往往会感到不安。然而6号会积极主动地表达他们的感受，这反而会让1号觉得其伴侣看问题并不精准。当这种情况发生时，1号和6号组合的伴侣极有可能会分手。

优势：1号和6号组合的伴侣是相互支持、彼此忠诚的伴侣，所以他们可以建立起深厚的信任和长期的承诺。

需要努力的地方：有时，对可预见性的渴望会导致1号与6号组合的伴侣的亲密关系紧张。人的一生都在成长和改变，但是如果伴侣中的一方将自我发展视为另一方不真实、不可预测或不稳定的证据,那么这段关系就会受到影响。两个人可以抽出时间一起玩乐,顺其自然,这个方式可以很好地说明,事物之间的联结并不一定需要事先预设好。

完美型 1 号 vs 活跃型 7 号

1 号和 7 号组合的伴侣是典型的"异性相吸"的组合,并且他们都是十足的理想主义者。1 号会通过做正确的事、高度负责和提高标准来实现心中的理想。另一方面,7 号却认为理想就存在于宇宙的某个地方,他们可以通过积极乐观的态度去捕捉瞬间的乐趣,这就是追逐自己的理想。这两种不同的理想主义方法同时吸引着 1 号和 7 号,并将二者区分开。

尽管二者的观念相左,但这两种人格类型的人是可以相互平衡的。1 号帮助 7 号伴侣变得更稳定、更尽责,同时 7 号可以帮助 1 号伴侣发现日常生活中的"小确幸"。他们都会沉浸在各自的追求快乐的模式中,所以彼此可以帮助对方跳出禁锢,以超越自身的局限性。

1 号与 7 号组合的伴侣的亲密关系的紧密程度取决于各自如何处理差异与分歧。1 号的一贯预见性和例行公事的风格要么让 7 号伴侣感到被捆住了手脚,要么感到很稳妥。如果 7 号伴侣表现出逃避痛苦的倾向,1 号就会有自己是二人世界里唯一成年人的感觉;或者 1 号借助 7 号伴侣的帮助跳出非黑即白的视角看到了灰色地带而感到轻松。

7号和1号都非常看重友谊和忠诚，这是帮助他们建立长久亲密关系的两个重要因素。7号大都不愿涉足复杂的情感之中，只有建立足够的忠诚和亲密关系后，他们才愿意展示自己的弱点。一旦7号感到自己很舒服，可以自在地表现出真实的自我，就会跟1号伴侣形成更深层次的二人空间。1号则在寻找一个能在亲密关系中一直陪伴在他们身边的人，由此1号会花很长时间观察7号伴侣是否会始终如一，直到与其建立起信任。

优势：在1号和7号组合的伴侣的内心都有一个美好的世界，他们可以联手一起去实现这一梦想。

需要努力的地方：当双方发生冲突时，7号大都倾向于采取逃避的策略，1号伴侣就会觉得7号不主动面对问题，自己有被抛弃的感觉。如果发现了这种苗头，7号就要重申对1号伴侣的爱与关心。彼此相互保证和欣赏将有助于缓解紧张的关系，从而有效解决冲突。

完美型 1 号 vs 领袖型 8 号

1号和8号都推崇公平与正义，一致认为真理至上。两者都倾向于要肩负起改变身边不公正现象的责任，所以他们很可能成为拥有改变社会强大力量的一对伴侣。1号会有条不紊地处理生活问题和人际关系，这让既想把事情做好又关注大局的8号伴侣感到安心。即使1号的内心批评声很大，8号伴侣所展现的自信与内在动力也能够帮助他继续前进。

8号对亲密关系会积极予以维护，对伴侣表现出无比的忠诚。1号伴侣是值得信任的，这让8号感到很踏实，知道他们不会被背叛。1号和8号伴侣会给予彼此足够的空间和自主权，这对他们二人来说都是非常必要的。在不太健康的状态下，尽管1号看起来有点算计，而8号伴侣可能会显得凶巴巴、气哼哼的，但随着时间的推移，这对伴侣会逐渐建立起深厚的感情，彼此不离不弃。1号和8号组合的伴侣彼此了解、亲密无间需要时间，他们都会经历被对方误解的境遇，所以可以采用镜像效应的方法来了解彼此、改善关系。

1号和8号都会坚持己见，但当二人无法达成共识时就会产生矛盾。通常彼此都会意志坚定，坚信自己才是正确的，不会接受折中的建议。

优势：他们在追求公平正义、真理、契约精神上有着相同的价值观，彼此钦佩，这有助于1号和8号组合的伴侣培养深厚而专一的亲密关系。

需要努力的地方：自律的1号会觉得和直来直去的8号伴侣并不合适；同时，8号可能觉得1号有很强的控制欲。对这两种类型配对的伴侣来说，彼此提醒我们是一个团队的战友非常重要。

完美型1号 vs 平和型9号

1号和9号匹配是九型人格中最常见的一种配对类型。虽然任何一种关系都可以和谐共处，但1号和9号组合的伴侣在一起能够很好地平衡彼此。1号和9号组合的伴侣追求和谐，讲原则，有自我牺牲精神，双方也都渴望世界的和平，又有着不同的实现路径。1号通过自己不懈的努力，做好本职工作及解决实际的需求来创造平静的生活，他们做事坚持不懈、一板一眼和处处讲诚信的优点满足了9号所寻求的安定与平和。而9号则倾向于让双方身心感到舒适或培养二人的情感空间来营造宁静的生活氛围。在不健康的状态下，1号往往会进行自我否定，所以被伴侣完全接纳的感觉可以提醒他们，他们是很棒的、有人爱的、被需要的。

1号和9号组合的伴侣在沟通中同样可以平衡彼此。9号可以帮助1号伴侣多关注人性而非原则，而1号帮助9号伴侣发现自我评判的声音并适度运用。他们发挥各自最大的优势，使彼此成为互补型伴侣。双方都能感觉到潜在的目的是什么，并用各自的方法来推动彼此实现它；同时，能够关爱对方、体贴对方。9号和1号都属于腹中心的类型，所以他们隐藏的情绪是愤怒。1号压抑愤怒，认为发泄愤怒是不雅的，而9号刻意忘记愤怒，让它处于长眠状态。一旦他们的关系紧张起来，就会导致双方采取消极攻击、疏远对方、固执己见、沉默不语或进行激烈的争论等行为。无论怎样，1号和9号组成的伴侣起冲突后，双方都不会对结果感到满意。

优势：1号和9号组合的伴侣是友善、善于沟通和有意愿照顾对方的一对。

需要努力的地方：尽早找到健康的方法处理两人的冲突十分重

要，这样两人以后再次面对这一局面时就不会感到恐惧，同时设法从点点滴滴入手为伴侣做些什么，让他感到对方是爱自己、理解自己的。在他们完成任务的过程中，9号可以分工做一些实际的工作，而1号伴侣可以为营造二人世界的平静、和谐与亲密氛围多贡献一些。

助人型2号 vs 助人型2号

像所有的同类型伴侣一样，两个2号也可以很好地配合，因为他们天生彼此互相了解。他们都是重感情、善良、富有同情心的。2号通常以希望被爱的方式去爱对方。当伴侣冷落他们的时候，他们会感到很失落。他们对彼此的爱和友善是互相匹配的，甚至一方会付出更多，这让伴侣感到对方很理解自己，自己被爱得很深很深。

这对伴侣对彼此和他人都十分慷慨，也愿意满足彼此的需要。他们属于体贴入微、关心有加、热情似火、情感丰富的类型，倾向于去培养一种深厚互惠的亲密关系，因为都希望自己的伴侣感受到被爱与被需要。由于有被爱的感觉令人舒服而自信，他们很快就能建立更紧密的亲密关系。

接受彼此的帮助对这对伴侣而言是一个挑战。特别是在其健康状况较差时，2号经常认为他们可以帮助别人，而自己不需要帮助。同时，他们也把拒绝帮助看作对本人的拒绝。当他们因提出的帮助遭到拒绝而感到自己遭到拒绝时，这段由两个2号组合的亲密关系会因此变得复杂。同样重要的是，在他们主动提供帮助之前，应该先考虑一下自己的动机，并学会在自己需要帮助时接受帮助。如果 2 号组合的伴侣都能学会选择合适的时间与合适的方式去帮助对方，并学会接受对方对自己的帮助，那他们的关系就会稳固发展。

优势： 在这段关系中的双方都擅长让对方感受到被爱、被重视、被关心，这正是 2 号所渴望的。

需要努力的地方： 2 号喜欢把他们绝大部分精力放在关心他人上，最终留给自己的却很少。对于亲密关系中的 2 号来说，照顾自己的感受和需要是一个挑战。对他们来说，向伴侣表达自己的需求也是件很困难的事情，尤其是在他们的需要一直无法得到满足的情况下。

助人型 2 号 vs 成就型 3 号

2 号和 3 号组成的情侣关系充满魅力，激情四射，他们都很有个人魅力，善于交际，两者间的差异性很好地补充了他们之间由共同特点带来的不足。2 号属于付出型和鼓励型人格，所以 2 号频繁的鼓励会让 3 号伴侣感受到对方的爱。这对 3 号伴侣是一种提示，即他们不必为了伴侣接受而刻意去表现，完全可以自由表达、活出自我。3 号在鼓励别人方面很有策略，往往能激发出伴侣自我欣赏的全部潜力。通过 3 号的激励，甚至可以让 2 号伴侣梦想成真。

这两种类型的人都渴望得到伴侣的关注，但又都不善于主动索取。2 号通常发现自己把大量的时间精力投入到对方的生活中，而 3

号通常把他们的时间精力投入到自己需要完成的工作上。当任何一方只关注这些事情时，他们的关系就会受到影响。留出空间给予对方足够的关注，保持双方需要的必要联系，这点是很重要的。

2号和3号组合的伴侣擅长建立紧密的关系，所以当他们发现彼此吸引、真诚坦露的时候，他们很快就能建立起强吸引力的亲密关系。但随着时间的推移，最初的吸引力逐渐消退，他们深度的、基于兴趣和情感的联系将有助于其亲密关系继续蓬勃发展。这对情侣活力四射，充满了力量和吸引力。

2号和3号组合的伴侣的亲密关系经常会因为不断的变化而变得不牢固。3号可能会因为2号伴侣乐于助人和渴望情感联系需求而感到不知所措；同时，2号可能会因为3号伴侣是个"工作狂"而产生被忽视的感受。两者都喜欢创造忙碌且充实的生活，但同时也渴望将这段关系更加深入，所以为彼此留出空间是很重要的。

优势：2号和3号组合的伴侣都爱鼓励对方，并能发现和肯定彼此的价值。他们渴望彼此更深入的联结，并且善于展现对方的闪光点。

需要努力的地方：2号和3号组合的伴侣善于体察对方的感受，却都不擅长关注自我感受。因此，这两种类型的人都需要一点时间来思考如何才能感受自己。2号和3号组合的伴侣都应该努力去体验自己的感受并表达出来，而不是伴侣的感受。学着提一些问题进行自我反思，从而帮助他们适度关注自我。

助人型 2 号 vs 自我型 4 号

2 号和 4 号组合的伴侣在一起，会被对方的高情商和深沉气质所吸引，成为富有同理心、亲密无间、心有灵犀的一对。他们渴望建立深层次的联结，并且在双方都健康的状态下一起努力。4 号喜欢活在自己的世界里，但 2 号伴侣的好奇心和刻意的提问有助于将 4 号的思绪拉出来，这样 4 号就可以融入二人世界。4 号对 2 号伴侣内心感受所产生的好奇，可以促进 2 号伴侣更好地融入自己的情感生活。4 号倾向于内在感受，而 2 号伴侣倾向于外在感受，两人恰好互补。

比较典型的是，外向的 2 号给他们的亲密关系带来的是友好和慷慨的元素，内向的 4 号伴侣增添的则是深沉、幽默和创造力的元素。他们倾向于建立一种情感上满足的关系，特别是当他们都全身心投入时。

2 号和 4 号组合的伴侣仿佛特意为了对方而出现。2 号对于日常生活的需求往往更实际一些，而 4 号伴侣则倾向于关注彼此的情感、心理和精神的健康。这种如此紧密的联结关系还是极富挑战性的，甚至会导致双方起冲突，这是因为他们对彼此都寄予厚望。

4 号的内心世界通常是不稳定的、波涛汹涌的，而 2 号可能会觉得很有必要改善其伴侣的情绪，即使这与两人的关系无关，这样 4 号伴侣就不会被自己的负能量干扰。4 号可能会因为 2 号伴侣有迫切改善自己的愿望而感到烦恼。这种动态关系可能会导致双方步入具有挑战性和过于敏感的情感空间。

优势：2号和4号组合的伴侣很好地实现了互补，并给对方一直被理解及被需要的感觉。

需要努力的地方：双方都能沉浸在对方的情感世界中。在亲密关系中如何设置好各自的边界是很重要的，这样每个人都可以保持自己的个性。2号可以满足自己的需要，4号也可以拥有他们所珍视的独立性。

助人型2号 vs 理智型5号

虽然2号和5号在许多方面都是相反的，但这却是比较常见的类型组合。两种类型都很体贴、善良、乐于接受别人，而且往往很吸引人，因为他们在彼此身上能够发现所缺乏的东西。

5号喜欢安静，要与外界保持一段距离，而2号恰恰能给他们带来温暖、安逸和舒适。2号可以帮助5号伴侣真正感受自己，脚踏实地地活在当下，而不是活在自己的世界里。当2号把5号伴侣从虚无中拉回现实后，5号伴侣在处理和分享他们的情感方面会越来越熟练，他们给2号伴侣一种冷静、稳定、客观的感觉；反过来，这对他们自己也有类似的效果。因为5号有种强烈的边界感，他们常常拒绝2号伴侣想要提供帮助的愿望，明确2号伴侣真正的责任。随着时间的推移，2号伴侣可以学着反思这些问题。5号郑重的承诺和表现出的忠诚可以让2号伴侣在他们的亲密关系中感到更加自在。

这对情侣之所以具有吸引力，部分原因在于他们发现彼此都有神秘的一面。2号对关系和情感更好奇,而5号对各种想法更好奇。如果是关于情侣的话题,那么2号和5号组合的伴侣都会从他们为亲密关系所提供的价值中获得极大的满足感。

2号与5号的主要区别在于情感的互动。5号感知到自己的情感后可以远离,因此他们的情感不会影响理性思维。然而,2号会花费大量的时间思考自己的和他人的情感。这对2号来说是很正常的事,所以他们会觉得5号伴侣太过无趣,远远脱离了世界。

优势:5号欣赏2号伴侣的热情和对人际关系的关注,2号喜欢5号伴侣对他们无尽的迷恋。

需要努力的地方:2号倾向于敞开心扉,乐观向上,注重外在。而5号理性,愤世嫉俗,注重内在。对双方来说,要真正理解彼此是很困难的。改善沟通的方式能让双方都觉得被看到、被认识、被爱和被理解。

助人型2号 vs 忠诚型6号

在情侣关系中,2号和6号组合的伴侣属于绝对忠诚的一对。他们会建立一种深厚的感情纽带,如果双方都感到安全和需要,这种感情纽带可以一直持续下去。他们都渴望深厚的、坚定不移的亲密关系,并尽一切努力把对方照顾好。2号和6号在情感关系中都很务实,因此,他们都不会承担日常生活的全部重担。

2号给予6号伴侣的是友善和同理心,特别是当6号伴侣担忧可能会发生坏事情的时候。2号的分析可以帮助6号伴侣理清负面想法,并在如何进行选择上给予6号有力的支持。6号给予2号伴侣的是体贴和周到,帮助他们感觉到自己是被爱的和被需要的,因为他们自己不会去注意所有的细节。这两种人格类型的人都擅长记住对方喜欢什么和不喜欢什么,所以他们可以帮助伴侣感到被爱和被接受。2号的同理心使6号伴侣感到安全,而6号伴侣的承诺使2号感到被珍惜。

2号可能非常善解人意,也经常想解决问题。对于6号来说,在没有被2号伴侣拒绝的情况下,有足够的空间来处理焦虑是很重要的。遗憾的是,当2号想处理一个问题的时候,6号伴侣会接收到对方这样的信息,即不能说出自己的想法。这无意中破坏了6号伴侣来之不易的信任,从而导致二人关系紧张。这就会让6号伴侣表现得很矛盾,有时想与对方走得很近,有时又故意将对方推开。这种状态可能会导致双方对彼此的关系没有安全感,因为他们都渴望伴侣能够始终如一。

优势:2号和6号组合的伴侣可以建立一种真正互惠的亲密关系,这对双方来说都是很重要的。他们肯在深入的交谈、心灵交流和一起娱乐上花大量的时间。

需要努力的地方:2号和6号组合的伴侣都害怕被拒绝和背叛,所以找时间谈谈内心的恐惧,而不是闭口不谈很重要。当事情不确定的时候,如果他们能向前一步而不是本能地离开,可能就会获得更好的结果。

助人型 2 号 vs 活跃型 7 号

2号和7号组合的伴侣是好玩乐、精力充沛、善于交际的一类人,都倾向于关注生活中光鲜的一面。他们对世界的看法通常是开放的、有些不着边际的,充满着希望和爱。这些特质让他们彼此吸引,并给两人的亲密关系带来很多的刺激和乐趣。

7号能够让2号伴侣觉得生活充满了刺激,男士朝着更大的梦想前进,在思考问题时会考虑各种可能性,对未来充满憧憬。2号擅长于决定当下需要做什么,并马上采取行动,但他们并不总是善于规划未来。7号可以帮助2号伴侣追求他们的梦想,并与他们内在的潜能联结起来。2号可以帮助7号伴侣了解他们的行为是如何影响他人的,并温柔地推动7号对他人产生同理心。7号心胸开阔,也可能比较敏感,但他们并不会把大量的精力投入比较困难的情感关系。2号对7号伴侣的关心可以帮助他更深入地挖掘和分享自己的情感。

在自我照顾方面,这对伴侣也很平衡。7号善于照顾自己,但并不总能意识到,从一件事跳到另一件事会把自己弄得一团糟。而2号擅长照顾别人,但他们也不总能意识到,他们总是把别人的需要放在首要位置,这会让自己精疲力竭。他们这一对可以互相提醒试着换一种方式来照顾自己。

7号有时会被2号伴侣提出的帮助和情感上的需求搞得不知所措,因为他们不想被束缚,尤其当他们还不确定这段关系能维持多久的时候。这会让2号害怕被7号伴侣拒绝,他们反而会更投入,试图为对方提供更多的帮助。除非他们能花时间坐下来好好讨论彼此不同的关系模式，否则这种状态会给他们的亲密关系带来麻烦。

优势：2号和7号组合的伴侣都喜欢玩乐，喜欢与人交往，所以他们拥有广泛的社交圈，是绝佳的一对。

需要努力的地方：起冲突对这对伴侣来说是一个挑战。通常情况下，2号和7号都试图表现出积极的姿态，这可以让他们在关系中避免更多的麻烦。有效的沟通才能帮助他们彼此接纳，获得渴望的真爱和对方的忠诚。

助人型2号 vs 领袖型8号

2号和8号组合的伴侣是高度互补且激情四射的一对，就像许多"互补"性格的伴侣一样，都愿意为对方提供其所需的重要东西。8号经常被2号伴侣的温柔所吸引，因为他们知道自己在生活中需要温柔体贴，他们也想保护2号的纯真。2号经常被8号伴侣的力量和坚韧所吸引，因为这是2号所钦佩的品格，他们知道自己非常需要8号伴侣带来的能量。

8号和2号都是充满激情的人，但他们展现激情的形式各不相同。8号的激情表现在情感丰富、意见强烈和直接沟通上，2号的激情通常表现在对他人的爱和深切关怀的充分流露上。这些不同类型的激情会把他们吸引到一起，尤其是当他们有意而慷慨地对待他人的时候。

8号和2号都能认识到亲密关系是安全和开放的是多么重要。

如果他们不注意自己的情绪，2号就只会去体悟伴侣的感受而非自己的。如果2号把8号伴侣的激情误以为愤怒，以为是冲着自己来的，就会严重影响两人的关系。重要的是，这对伴侣要重视交流，并在情况变得更糟之前能发现这一趋势。另一方面，8号认为2号伴侣的任何变化都是不诚实的表现。2号可以有一些细微的变化，但如果2号的变化过于明显，8号就很难信任他们。如果8号觉得2号伴侣给予的爱太多了，8号可能就会产生逃离的想法。

优势：2号和8号组合的伴侣可以在更深的层次上了解对方，因为他们看到了彼此的需要，并尊重各自的优点。

需要努力的地方：2号和8号彼此保持清晰、诚实和友好的态度是非常重要的。2号很容易被8号伴侣的激情压得喘不过气来，而8号也很容易被2号伴侣提供的帮助搞得不知所措。允许相互质疑将有助于缓和彼此的紧张关系，才能为长久的联结铺平道路。

助人型2号 vs 平和型9号

2号和9号组合的伴侣的价值观有诸多相似之处。他们既热情又充满爱心，都想创造一个在精神、情感和物质上舒适、和谐、甜蜜的二人世界。在这样的关系中，双方都是善良的、忠贞的、宽容的和善于沟通的。他们倾向于关注他人，从而使双方的关系更开放、更充满爱意，因为彼此都能感觉到对方的理解和关爱。

尤其是在不健康的状态下，2号经常出于爱与责任去帮助其伴侣。9号属于既乐于接受又不苛求对方的人，他更喜欢陪伴而非帮忙,这给了 2 号伴侣可帮可不帮的自由;另一方面,9 号与 2 号伴侣对亲密关系充满好奇心相反。因为他们经常会抑制自己的思想、想法及担忧,害怕破坏平静的亲密关系,所以如果他们的伴侣不愿意真正地交流和耐心地倾听,9 号就会保持沉默。2 号让 9 号伴侣感到安宁和有耐心,因为他们真的想更深层次地了解对方。

实际上,这两种人格类型组合的伴侣可以利用这些不同的优势帮助自己树立更多的自信心,并帮助彼此更好地认识自我。然而,他们很难陷入健康的冲突中。2 号和 9 号都喜欢看到光鲜的一面,保持积极的心态,但是他们都非常关心是否有什么事情困扰着他们的伴侣。因此,如果他们有安全感并受到鼓励,他们就会尝试着解决问题;否则,矛盾就会激化,演变成怨恨或对伴侣的攻击。

优势:2 号和 9 号组合的伴侣都渴望平静和积极向上的生活,所以当他们在一起的时候,会给予对方充分的关注。

需要努力的地方:在冲突出现时,至关重要的是 2 号和 9 号组合的伴侣要积极解决问题。如果他们不敢面对而采取逃避的态度,问题就会越来越多,所以把问题摆出来实际上可以帮助减轻问题带来的负担,并帮助二人的亲密关系全面发展。这对伴侣需要记住,只有以健康的方式处理冲突才能实现真正的和平。

成就型 3 号 vs 成就型 3 号

当两个 3 号在一起成为伴侣后,他们会创造出充满活力的、安全的、互利的亲密关系。一方面,他们令人着迷、成功有为、善于交际；另一方面，他们往往在两人的亲密关系中起到镇静的作用。如果能找到一个人，他理解改变的欲望，并能表现出来，但又不需要改变，那真是太令人欣慰了。与所有相同类型配对的伴侣一样，两个3号组合的伴侣有一种别人无法拥有的相互理解的能力。

3号是心中心类型的，但他们往往保持忙碌的状态，努力工作以避免受到情感的困扰。因此，他们不愿意与外人分享或处理情绪。当两个3号组合的伴侣处在亲密关系中时，他们理解这一点，并且能够以自己特有的方式互相帮助。这种镜像式的感觉足以让双方放松警惕，让对方真正关注和理解自己，有意识地建立亲密的联结。这两种人格类型组合的伴侣在亲密关系中是真诚的、关爱对方的，尤其是他们互信互尊的时候。

3号会鼓励和支持他们的伴侣，因为他们会发现所遇到的每个人的潜质。当事态进展不顺的时候，3号可以互相鼓励。这对他们来说都是肯定且稳定的支撑，因为他们感到有人支持而不必刻意展示。两人都希望被认可，但在对成功追求的外表下面是一种内在的被重视的渴望。当确认了他们是谁，而不是他们做了什么后，3号可以将亲密关系向更深的层次推进，并找到可依恋的对象。

这对伴侣面临的挑战是，他们可能会因为自己太忙而缺少交流和真正了解对方的时间。如果其中一方没有为另一方腾出时间或给予足够关注，可能就会让一方或双方感到被冷漠。他们对高效的追求往往意味着他们很少留出休息的时间，所以需要密切关注这种趋势，并应当主动腾出时间来休整。

优势：3 号组合的伴侣都渴望拥有一种深厚而真挚的亲密关系，以及一种高效工作和积极的态度，因为他们能理解彼此，所以他们能相处得很好。

需要努力的地方：因为 3 号很少停下来感受自己的情感变化，如果他们不花时间维系彼此的情感，他们就很容易失去联结。对于每对 3 号组合的伴侣来说，只有真正理解了心灵融合的重要性，他们的关系才能紧密相连，结出累累硕果。

成就型 3 号 vs 自我型 4 号

在亲密关系中，3 号和 4 号组合的伴侣是典型的待人热情、善于交际、做事认真的一对。尽管他们在处理情感方面投入的精力不同，但他们可以形成很大的互补，这对他们都很有价值。3 号务实，雄心勃勃，所以 3 号可以给 4 号伴侣的生活带来了稳定和自信，这正是 4 号有时所欠缺的。3 号可以看到别人身上的潜质，所以他们能够帮助 4 号减少自我怀疑，让 4 号更能专注于当下，做个行动派。4 号是深沉、内省的，对他们伴侣的情感很敏感。因为 3 号在梳理自己的情绪时经常挣扎，4 号可以帮助 3 号伴侣平静下来，走出困境，更多地关注自己的内心生活。

3 号和 4 号组合的伴侣可以帮助彼此关注对他们来说真正重要的细节。他们在某种程度上的相反倾向有助于他们在关系中互惠互利。他们可以共同增进感情，使他们的亲密关系变得更有意义和更具价值，因为他们学会了彼此补台。

双方都重视良好的沟通，尽管他们的沟通方式可能有所不同。具体来说，一旦发生冲突，4号倾向于直接说出他的真实想法和感受。对4号来说，重要的是，让对方感觉自己起到镜像的作用，而不是一成不变的。而另一方面，3号倾向于在不受感情过多影响的前提下尝试找到最优解，而这种动态有时是危机四伏甚至一触即发的。3号可能会因为4号伴侣的感性情绪而感到过于压抑，甚至觉得4号伴侣有些多管闲事。4号可能觉得3号伴侣是精于算计的，感到自己被忽视，甚至认为3号伴侣有点虚情假意。对于4号来说，没有什么比一个轻视自己或不真实的伴侣更令人反感。双方都需要专注于当下，学会倾听，并为对方提供一个安全和被倾听的情感空间。

优势：3号和4号都非常重视沟通，这是他们这对组合一个极大的优势。双方都想受重视、被理解，双方也会尽力而为。

需要努力的地方：当两人的关系充满挑战时，这对情侣很难有伴侣陪伴在身边的感受。沟通彼此的期望，了解对方那些不现实的或不公平的期许对于这对伴侣而言是很重要的。强制达成期望的试图，比如某种程度的情感联结或完成任务，只会导致彼此关系的破裂，而那并不是爱情目标。3号和4号组合的伴侣必须牢记的是，他们之间的差异是有价值的。

成就型 3 号 vs 理智型 5 号

3号和5号组合的伴侣对能力和效率的看法高度一致，他们都希望在各自的领域出类拔萃、办事高效，也彼此欣赏。3号是典型的社交型人格，其展示出的镇定、活泼和自信恰恰是 5 号所不具备的；另一方面，5 号比较孤僻，但在处理问题上更富创造性、更有深度，也更可靠。3 号与 5 号组合的伴侣是很互补的一对，因为他们都希望合理、合乎逻辑地做事。

舒服状态下，这两种类型组合的伴侣都会说出他们内心的想法，尤其是当他们对某个话题很感兴趣的时候。这种共享式的交流方式可以让对话变得有趣且充满活力，并且他们都非常重视彼此之间的了解和相互理解。3 号运用他们的职业道德和取悦对方的愿望来增进两人的关系，而 5 号则倾向于研究他们的伴侣，就像研究他们喜欢的话题一样。结果是，他们与伴侣之间的深厚联结和了解几乎是天衣无缝、难以解释的。

这种类型的亲密关系所产生的问题源于双方投入的情感量的不同。5 号的情感量阈值一般较低，他们倾向于保存能量，每次付出一点点，意外的情感邂逅或社交聚会会让他们感到筋疲力尽；而 3 号则恰恰相反，仿佛有无穷无尽的能量去完成他们想做的事。他们不会为自己的情绪花费太多精力，但愿意花大量时间在与别人交流和相处上。当 3 号和 5 号组合的伴侣不能相互理解时，他们之间的差异可能会给两人的亲密关系带来麻烦。

优势：即使他们之间的差异很大，善良和高度相符的价值观也可以帮助 3 号和 5 号建立强大的联结。

需要努力的地方：理解和给予对方空间是关键。例如，与其让 5 号伴侣被迫待在聚会上，倒不如 3 号退让一步，照顾 5 号伴侣的要求，提前离开聚会。因为对 5 号来说，他们已经达到了自己可以拓展到的社交边界。这并非 5 号想破坏 3 号伴侣的社交时间。5 号倾向于在内心处理他们的思想和感受，而 3 号则更倾向于通过口头表达来处理。5 号会觉得 3 号伴侣做的事没有意义，他们会因此变得沮丧。重要的是，5 号应该给予 3 号伴侣处理问题的空间，并通过善意的倾听给予对方支持。

成就型 3 号 vs 忠诚型 6 号

3 号和 6 号组合的伴侣都致力于他们所信仰的事业，也致力于彼此的关系。他们都有很强的适应能力，可以把自己的注意力和职业道德应用到他们遇到的任何事情上。3 号和 6 号组合的伴侣有很多相似的品质，他们可以成为一对出色的搭档。

6 号支持 3 号伴侣的方式是通过分析所有的可能性，来帮助改进或放弃 3 号伴侣的计划。3 号带给 6 号伴侣自信和乐观，让 6 号感觉他们的关系更加稳定。他们相互支持：6 号帮助 3 号伴侣放慢节奏，为真正的联结腾出时间；而 3 号帮助 6 号伴侣理清纷乱的思绪，以获得更清晰的思路。

从外表上看，6 号比 3 号更加情绪化，但 6 号表达自己的典型方式对 3 号来说并不过分。另一方面，3 号表现得更为积极、充满希望，但他们也不会对消极的结果视而不见，这可以证明 6 号是正确的。这种互惠关系往往很有效。当 6 号看到 3 号伴侣像变色龙一样行事时，麻烦就开始了。对 6 号来说，诚实和忠诚是最重要的。

如果他们觉得其伴侣不是百分之百地诚实，他们就会产生不信任感，并感到不安全。3号可能将6号伴侣谨慎和质疑的天性视为一种阻碍，或者更糟的是，解读为6号伴侣是对自己和能力的不信任。如果3号或6号感到不安全或没有得到对方的支持，他们的亲密关系就会变得极不稳定。

优势：3号和6号都善于交流，他们在感到舒服的时候都能够表达出他们的需求。他们可以培养一种健康且相互依赖的关系。

需要努力的地方：6号要学会谨慎办事，而3号要做到有雄心壮志。这两个关注点看起来就很不一致，可能会给这对伴侣带来挑战。重要的是，3号和6号都要确认他们各自的谨慎和雄心，这样他们才能在这段关系中有存在感、安全感和价值感。

成就型3号 vs 活跃型7号

3号和7号组合的伴侣都属于享乐践行一族，遇到问题不退缩。他们都对生活有着极大的热情，也喜欢一起享受美好时光。他们活泼且善于冒险，能够互补。

3号更加务实，在专注度、务实性、目标明确性的提升上可以给予7号伴侣帮助。7号才思敏捷，所以很多时候他们的想法很超前。3号能够帮助7号伴侣认清他们真正关心并追求的目标，而不是只让想法停留在头脑中。7号不着边际的想法更多一些，展现出开放、包容、率性的品格，这能帮助3号告别刻板的生活。在7号的影响下，3号伴侣可以放松下来，真正关注生活所带来的乐趣，而不是自己要从生活中获得什么刺激。

7号很欣赏3号伴侣带来的互补,而3号则常常被7号伴侣所提供的渊博知识和引人入胜的话题所打动。他们都喜欢保持忙碌的状态,而且他们也是做事高效、活力四射的一对。

有时,3号会对7号伴侣兴趣太广泛很反感。3号做事喜欢从一而终,当发现7号伴侣做事浮躁时,他们可能会感到很沮丧。7号也会因3号在生活的方方面面表现出的高效与务实而感到很沮丧。他们对生活的理解远不止于此,有时他们觉得3号伴侣把全部关注点都放在了工作上而不是两人的关系上,因此有一种被忽视、被束缚住的感觉。

优势:3号和7号组合的伴侣为亲密关系付出的情感大致相当,他们往往有胆识,敢冒险,甚至具有创业精神。他们喜欢让生活充满乐趣。

需要努力的地方:为了拥有健康的亲密关系,这对伴侣需要密切关注各自逃避情感问题的倾向,并且必须足够慢下来去真正体会。他们都希望二人的关系有深度、有意义,但有时可能会忘记,找到深度和意义的方法其实就是停下来去探索、去感觉。情感联结比冒险更能增进彼此的关系。

成就型3号 vs 领袖型8号

在3号和8号配对的伴侣的亲密关系中,他们都倾向于紧张而有活力。他们都富有激情，充满自信，往往会全力追求生活中想要的东西。这两种类型的人都会从他人那里得到这样的反馈，即他们过于紧张或令人生畏。因此，当3号和8号在一起的时候，他们会互相欣赏，因为他们都找到了一个与自己的精力和投入相匹配的人。

3号可以让8号伴侣释放一点控制欲，因为3号的能力和责任感足以让8号放心，不必事必躬亲。3号能深深地体悟到别人的感受和需求，所以他们能把注意力转移到8号虽然关心但无法经常顾及的事项上，这着实能深深打动8号。8号能给3号伴侣相对安全的空间，让他们觉得没有掩饰自己的必要，这都源于8号非常看重一个人是否实实在在。当有人在他们面前试图炫耀时，往往很难打动他们。因此，在与8号相处时，3号不需要去伪装什么，大可放心做真实的自己。

对这对伴侣来说，沟通至关重要。他们都依靠自己的直觉行事：3号依靠情商来研判亲密关系的维系情况，把控交往的尺度；8号依靠直觉来判断谁真正值得信任、谁不值得信任。如果3号和8号都过度依赖直觉而不去沟通，他们的亲密关系可能会出现裂缝，因为有时他们的直觉并不准确。重要的是，双方要想在相处中维系信任并获得真情实感，就只能依靠有效的沟通。

优势：3号和8号组合的伴侣都能够很好地理解对方，因为他们都是能为伴侣投入很大精力的人。所以，他们可以成为彼此的避风港。

需要努力的地方：像这样勤奋、努力的一对是需要鼓励、放松和享受生活的。3号和8号组合的伴侣需要在他们繁忙的日程中加入有趣的约会，培养真正的情感联结，以获得身心上的愉悦与放松。因为万事并不总是在我们的控制之下。

成就型3号 vs 平和型9号

3号和9号组合的伴侣是绝配。他们互相支持，为生活的目标奋斗不止。对3号来说，9号是鼓励性和支持性伴侣。他们全然接受和爱的是3号本来的样子，并不在于3号做了什么。这让经常觉得需要对别人伪装的3号感到安慰。3号能增强9号伴侣的信心，并帮助9号理解和表达自己的愿望和动机。

3号和9号可以建立起一种快乐的、积极的亲密关系，因为他们可以很好地互补。9号经常发现自己陷入了生活的窘境，但乐观的3号可以帮助他们一扫阴霾。3号经常发现自己总是忙来忙去以至于没有时间休息，但9号伴侣可以帮助3号从无休止的工作中抽离出来放松一下，帮助他们恢复活力。

3号和9号组合的伴侣可能会因为他们程度不同的精力投入而发生冲突。3号往往是精力充沛且做事高效，他们可能会因为9号做事慢条斯理而感到沮丧。沮丧的3号可能把9号这种慢悠悠的做事风格当成懒惰；另一方面，9号会因为3号伴侣的雷厉风行而觉得很紧张。3号的紧张节奏会让9号伴侣觉得自己被甩在了后面。

优势：3号和9号组合的伴侣在人际关系中都是开放和善于沟通的，他们都想通过沟通来培养信任。

需要努力的地方：在双方的亲密关系中，3号和9号都有走一步看一步的想法。作为通常相当自信的3号，还是希望对方能主动做一些能让彼此感觉平和、快乐、有助于加深情感的事情。9号也希望能与3号伴侣关系融洽，这样3号和9号组合的伴侣就能很快融入对方的生活。

自我型4号 vs 自我型4号

4号属于理想主义者，重情重义，富有同情心。他们通常非常善于表达，并且会对他们的想法、感受与见解进行充分的思考。许多4号的感受和他们的思考一样深刻，有着广泛的情感体验。在亲密关系中，4号可以像对方的一面镜子，帮助对方认识自我、了解自我、感受自我。因为双方都能体会到没有这种感觉是什么状态，所以他们知道如何做才能让对方感到被真正地理解。

4号可以详细地探讨他们内心深处的感受、梦想、过往的经历以及令人失望的心情。这对伴侣可以充分、深入地了解对方，因为他们都很内省，也很健谈。然而，他人永远不可能完全了解4号，因为他们总是在寻求自我发现。这实际上可以让这对伴侣保持新鲜感，也可以成为维持二人关系的一笔巨大的财富，特别是当他们在一生中不断学习、成长和转变的时候。4号往往会很快坠入爱河，一头扎进这段感情中。

4号是被动反应型的，所以冲突对这对伴侣来说是个挑战。他们可能会说一些言不由衷的话，也可能会被对方的话深深伤害。对于 4 号来说，重要的是与伴侣建立一个真正安全的空间，而不仅仅是表面安全的空间。对很多 4 号来说，保持独立性同样很重要，因为他们需要额外的空间来整理他们的感觉。

优势：两个 4 号组合的伴侣能真正感受到彼此的理解，能从灵魂层面上承认彼此的重要性。

需要努力的地方：4 号的理想主义意味着他们不仅知道可能存在的完美世界是什么样子的，而且还渴望实现它，并会因现实中尚未存在而感到悲伤。这会让他们更关注自己内心和周围世界所缺失的东西，而不是以积极或现实的方式来看待生活。多留意那些美好的事物以学会感恩，并大声地说出来，这将有助于改善 4 号的问题。

自我型 4 号 vs 理智型 5 号

4 号和 5 号组合的伴侣有很多共同之处，这让他们成为天生的一对。他们都渴望能进行深入、相互理解且有趣的对话。4 号和 5 号组合的伴侣都相当重视自我反思，并对彼此的想法感兴趣，这使得他们能更加全面地理解自己的另一半。

5 号是在经历了人生的起起落落后仍能保持客观和理性的人，这会让 4 号伴侣感到很踏实。5 号的聪明才智能够协助 4 号思考他们的许多梦想和想法。4 号经常会提示 5 号多留意身边美好有闪光点的事物，帮助他们重新审视二人的情感世界。这种对创造力的关注有助于 5 号尊重伴侣的感受，而不愿从他们身边离开。

这两种人格类型的人最大的不同在于他们如何处理情绪。4号可以完全感受到自己的情感；他们不会让自己的情感变得迟钝，而是会提高情感的强度，以便更全面地了解自己。5号尽管也会有情感的流露，但他们很快就会脱离出来，选择以一种平静、理性的态度对待生活。经常沉浸在情绪中会让他们变得不那么有能力和自信，所以他们会故意脱离出来以保证看问题能比较客观。这可能会导致两人因沟通不畅而产生冲突。5号的高度冷静与理性让4号感觉5号伴侣没有和自己有着紧密的联结，而4号的情感表达又会让5号感到难以承受。其实，良好的沟通有利于这一问题的解决。

优势：4号和5号都是求知欲强、充满好奇心和想象力的人。他们可以与对方形成很好的互补，这有助于使他们感到踏实。

需要努力的地方：4号和5号组合的伴侣都可能会在采取行动时犹豫不决，因为他们觉得在做决定采取行动之前有必要对方案进行彻底的论证。4号更依赖于他们的直觉，而5号则几乎完全依赖于他们的智慧。对这对伴侣来说，很重要的一点是，思想和情感都是必不可少的，即使问题没有完全解决，继续前进也是有价值的。

自我型 4 号 vs 忠诚型 6 号

4号和6号组合的伴侣都很敏感，喜欢表达，在情感方面投入得比较多。4号和6号都喜欢用他们对世界的完整感受来做出反应，这会让他们觉得对方跟自己的风格太像了。因为他们对他人指责自己太过分或"歇斯底里"深感厌倦，所以他们会避免对伴侣进行类似的指责。而且，当伴侣表达自己有相关的感受时，他们会深表同情。

对 6 号来说，能感受到伴侣非常在意自己的担忧是一件特别重要的事，而 4 号也的确可以当个好参谋，因为 4 号有同理心，却不觉得有必要去解决问题。这给了 6 号足够的空间去感受和表达自己，而不会因为被忽视而感到沮丧。4 号很喜欢聊他们都有什么梦想和想法，他们丰富的想象力会帮助 6 号以一种积极的视角来发现什么是可以实现的。同时，6 号的实干精神让 4 号伴侣更加放心，他可以感受到 6 号较强的责任心和关注细节的做事风格。两人都在寻求更深层次的情感联结，并渴望找到一个能让他们真正感到舒服并获得其郑重承诺的人。如果 4 号和 6 号在一起能感到安全，他们就能找到他们共同追求的真正的家园。

4 号和 6 号都习惯在脑海里回顾和分析曾经说过的话，以反思哪里出了问题。这种做法对两人的亲密关系是很危险的，能够同时给予对方肯定和安慰就显得尤为重要。他们需要相互提醒，他们非常关心对方，想把自己最好的东西给予对方。定期、有效的沟通是避免任何麻烦的关键。

优势：4 号和 6 号组合的伴侣能够很好地互补。他们能让伴侣感到安全、处处有保障，从某种角度看，他们对彼此的依恋就像一对灵魂伴侣。

需要努力的地方：对于 4 号和 6 号这对组合来说，追求自身发展都很重要。有了自我意识，当他们在头脑中分析互动场景时，他们可能就会觉察到对话中的消极方面，尤其是当这种模式和许多 4 号和 6 号所经历的不安全感交织在一起时。学会识别这种模式对 4 号和 6 号的关系是有帮助的。

自我型 4 号 vs 活跃型 7 号

4 号和 7 号组合的伴侣是一对富有想象力的理想主义者，他们阅历丰富，精神旺盛，喜欢出风头，充满了好奇心，一心想把小日子过得无比充实。他们对千奇百怪、荒诞有趣的事物的喜好就像磁铁一样把彼此紧紧地吸到了一起，真可谓趣味相投！

有了 7 号的帮助，世界上的一切美景、欢乐和奇迹，4 号都能一览无余。当失去什么东西时，4 号会很悲伤，而 7 号则用庆祝身边所有开心事来帮助 4 号排解。一方面，7 号能够帮助 4 号伴侣建立起自信，因为 7 号对身边所有品质一流的事物都充满热情；另一方面，4 号能帮助 7 号伴侣稳步前行，并为 7 号创造一个体验情感的安全空间。7 号并非感情冷漠的人，他们只是没有足够多的时间来处理这些情绪罢了，而且他们只会和少数让他们觉得安全的人分享。4 号喜欢往消极、阴暗的一面看，这会把 7 号伴侣拉住，让他们能全方位体验生活、了解世界。

4 号和 7 号有时都会让对方难以控制。4 号会觉得 7 号伴侣太善变，有种被 7 号伴侣的欲望所抛弃的感觉，除了沉浸在情感的痛苦中，他们什么都不想做。7 号会被 4 号伴侣对情感联结的渴望所困扰，也会被 4 号伴侣想要在当下充分表达一切的需求所压垮。这对组合在很多方面都很棒，但当其中一方处在不健康的状态时，他们可能会引发对方最严重的恐惧感。

优势：4号和7号的结合永远不会枯燥无聊和停滞不前。他们总是被彼此吸引，这也是他们能在一起的原因之一。

需要努力的地方：很重要的一点是，4号和7号组合的伴侣在他们的情感表达上以及对亲密关系的表现方式上都能被认可。如果4号试图把7号拉回现实，或者7号试图在他们还没准备好的时候让4号振作起来，就可能会对他们的关系造成灾难性的破坏。两人之间的相互确认会对彼此有所帮助。

自我型4号 vs 领袖型8号

4号和8号组合的伴侣是充满激情、热忱、诚实的一对。展现真实的一面是这对组合都看重的价值观之一，这恰恰是他们彼此吸引的原因。4号和8号的匹配度非常高，因为他们能够强强联合，但是由于他们在冲突中的反应都很强烈，因此他们也很容易产生激烈的冲突。

4号在情感上是很敏感、很脆弱的，有相同之处的8号会与伴侣分享但很少表现出来。8号欣赏4号的善良和感性，因为他们是同样的类型。8号有时也会觉得有必要保护4号，好让4号伴侣更有安全感。相比之下，8号更务实、更坚韧，而4号常常觉得他们在生活中需要更多像8号这样的人。在这两类人之间有一种相互迁就的感觉，因为他们看起来既相似又不同。8号并不想让很多人看清自己，所以当他们展现自己的时候，4号会让8号伴侣感到既特别又重要。

这两种类型的人之间似乎有一种磁力，因为他们都喜欢挑战，也喜欢通过了解对方内心深处的秘密而获得享受。他们都会对人和情境产生本能反应：8号通常以愤怒的方式来体验这种情绪，而4号则以无数种不同的方式来体验这种强烈的情绪。8号的愤怒情绪对敏感的4号伴侣来说是一种挑战，因为4号倾向于将愤怒内化处理。8号的强势可能会制约4号，因为4号是一个情绪内部处理者。如果4号退缩了，就会让这8号更加沮丧，因为他们希望尽可能地与自己的伴侣平等相处。

优势：因为8号和4号都容易被别人误解，所以他们在相处中会真诚以待，不做作，积极地去了解对方。

需要努力的地方：因为4号和8号组合的伴侣都较为保守，由争吵到和解的循环会让他们感觉舒服。尽管这种解决矛盾的模式可以让他们的关系变得有趣，但这并不是健康的。对这对伴侣来说，掌握有效且充满激情的沟通艺术，而不要太个性化非常关键。他们都成熟起来后就会知道什么时候该回应，什么时候该保持沉默了。

自我型4号 vs 平和型9号

4号和9号是共情和敏感的一对，他们都很善良，也很内向，尤其在处理感情问题的时候。在情感上和身体上，4号和9号都希望能拥有自己的空间，彼此能营造一种轻松自在的氛围。尽管采取的方法有所差异，但他们总是优先考虑通过对话来解决问题。

4号的自我意识很强，因为他们一生都在反思，如自己到底要成为什么样的人、内心的感悟是什么等。4号这种强自我意识让他们对自己的伴侣更为好奇，可以让9号伴侣尽可能表现自己。4号促使9号伴侣加强了情感意识，以鼓励他们认清和表达自己的想法、喜好和感受。9号的积极配合会让4号充伴侣满安全感，因为4号被他人拒绝后往往会自我否定。9号是务实派，这让做事无章法的4号更加踏实。这两种类型的人都偏于内向，他们的匹配可以帮助彼此更专注于当下。4号和9号都喜欢有效的沟通，尽管他们的方式可能存在差异。9号会被4号所表达的强烈情感所淹没，这会打破他们的生活模式，甚至使他们深感不安。4号向往的亲密关系是稳定而真诚的，所以当9号退缩时，会让4号觉得9号并没有真心和他在一起的想法。两种类型的人都认可对方的行事风格，但发生冲突时，他们需要在退缩和表达之间取得平衡，让彼此都有安全感。

优势：4号和9号组合的伴侣都渴望被对方充分理解，他们可以在亲密关系中找到深层次的互惠与慰藉。

需要努力的地方：由于4号和9号组合的伴侣在交流模式上存在问题，因此会出现双方都认为对方应该知道而不用沟通的情况。这种模棱两可的情况会让9号退缩，而4号会觉得他们的伴侣不够诚实。改善沟通有助于彼此建立一个更有意义的联结。"先把问题记录下来，然后双方再花时间来处理"的方式值得一试。

理智型 5 号 vs 理智型 5 号

与任何双类型相匹配一样，这一对也具有相同的优点和相同的缺点。5 号做事客观、机智。他们才华横溢、头脑灵活，喜欢研究自己喜欢的课题。5 号喜欢聊一些发人深省的话题，这可能是他们彼此吸引的原因之一。大多数 5 号都有一些特长，所以当两个 5 号组合的伴侣在一起的时候，了解对方的兴趣爱好是一件令人开心的事情。他们喜欢分享知识、独立思考问题。

5 号通常会给彼此提供足够的空间，因为他们很看重个人界限。两者都不会提太过分的、令对方感到厌烦的要求，因为双方都非常注重隐私，避免打扰对方。一般来说，5 号只有在完全准备好的情况下才会与他人分享，所以一旦他们开口，表达的想法就像段落一样，有开头、中间和结尾。5 号不喜欢被别人打断，所以了解这一点有助于他们在不打扰对方的情况下仔细倾听和深度思考。5 号也会低调地说些诙谐的话，幽默中略带讽刺的意味。不为人知的笑话把他们聚在一起，形成了一种联结的纽带。

因两个 5 号之间的界限感和独立性如此之强，以至于他们可能在几天或几周之内都不会产生情感上的交流，这是两个 5 号组合的伴侣间的亲密关系所面临的最大挑战。并不是说这种关系不重要，事实上，5 号在建立伴侣关系后就非常忠贞、守信。如果不是这样，他们一定是专注在研究中，沉浸在自己的思绪里，或者做着对他们来说最重要的事情。如果双方都没有先主动与对方交流，他们可能就会因为自满而分道扬镳。

优势：5号做决策有条不紊，而且彼此都非常慷慨和友善。感觉到被伴侣理解可以帮助他们摆脱大脑的控制。

需要努力的地方：5号倾向于将彼此沟通和亲密关系视为需要解决两人遇到的难题，尤其是在两人起冲突时。当发生这种情况时，人们很容易忘记，人本身不是一个又一个的谜题，而是有思想和感情的人。在情感上更加坦诚，的确可以帮助这对伴侣发展更真实的情感联结，并加深彼此之间的关系。他们所寻求的安全感往往隐藏在他们的情感界限之下。

理智型5号 vs 忠诚型6号

5号和6号组合的伴侣在亲密关系需要忠诚和稳定方面有着相同的价值认知。他们喜欢凡事都可预测，并为彼此提供条理性和可信赖性，这可以帮助他们的关系稳步发展。

5号细致入微的做事风格让6号伴侣备感踏实。他们知道，但凡需要从细微之处入手，5号伴侣就是完全可靠的。两者都很谨慎，但6号更偏重行动，这弥补了5号伴侣不愿采取行动的不足。6号通过在二人相处时表现出对另一半的忠诚来拴住5号，为5号伴侣提供他们在进一步发展关系时所寻求的稳定和信任。5号和6号彼此体贴、用情专一。虽然他们都有优柔寡断的时候，但他们在一起比分开做出的决策会更好。

在对待规则和程序上的不同，可能会给5号与6号的亲密关系带来挑战。虽然两者做事都注重条理性与实用性，但5号不喜欢循规蹈矩，并敢于挑战权威。而在权威面前，6号的表现则比较矛盾：有时，他们被强大的权威所吸引，并在现有系统中运作良好；而有时，他们对权威的质疑会导致采取对抗的做法。这些不同的应对之处可能会导致5号和6号关系紧张，尤其是当他们的关注点截然不同的时候。当6号表现出对5号伴侣的判断与做法不信任时，5号会感到被6号伴侣深深地伤害。

优势：5号和6号都机智聪明。他们在一起会玩得很开心，特别是当他们参与到对方令自己感兴趣的活动时。

需要努力的地方：6号希望与伴侣的亲密关系能稳定长久，如果5号伴侣提出分手，6号就会认为这一定是由他们的不健康关系导致的。5号分手的原因有很多，大部分与他们的情感无关。因此，6号对二人关系的担忧以及对对方给予承诺的需求会把5号弄糊涂。随时随地的沟通有助于双方都感到亲密关系安全、有保障。

理智型5号 vs 活跃型7号

5号和7号组合的伴侣才思敏捷、头脑灵活、爱幻想。他们都渴望彼此的交谈能发人深省，尽管他们看起来很不一样，但他们可以成为很搭的一对。他们都属于脑中心类型，所以他们通过心智获取信息。他们思想活跃，都有一种强烈的恐惧感，因此要弄明白这种感觉来自哪里并从中逃离出来。对于"在亲密关系中彼此应是忠诚和相互信任的"的观念，他们有着高度的一致。

脚踏实地、稳扎稳打、深思熟虑是5号处事的风格。他们可以帮助 7 号冷静下来，专注于他们真正关心的事务。对那些不够稳健的 7 号来说，5 号伴侣对世界的观察和认知上的优势无疑是一种财富，5 号帮助 7 号摆脱不切实际的想法，跟现实生活联结得更紧密一些。5 号还可以从 7 号新奇的想法、自主性和洞察力中找到闪光点。5 号和 7 号在思维模式上有着很多相似之处，但是他们却有着截然不同的观点与情感投入。

5 号和 7 号都会在压力下努力工作以满足自己的需要。在这段亲密关系结束后，他们会照顾好自己，7 号则会再次开始一段情感之旅。5 号可以通过减少需求来满足自己，而 7 号则追求得更多。由于 5 号和 7 号满足自我稳定性的方式不同，因此他们可能会对彼此产生误解。

优势：这对伴侣在相处过程中，7 号分享的是乐趣和刺激，而 5 号分享的是知识。他们俩都喜欢有趣的事物，并且喜欢学习和了解彼此的爱好。

需要努力的地方：这对伴侣在压力大的时候要学会关注彼此的需求，而不仅仅是关注自己的需求。当他们学会关注彼此时，他们可以从不同的生活方式中学到有价值的东西。如果他们能借鉴对方的优点，他们就会从二人世界中获得更多的满足感，也能更好地互补。

理智型 5 号 vs 领袖型 8 号

5 号和 8 号组合的伴侣都希望两个人在亲密关系中相对独立、

彼此忠诚、相互信任。他们的独立性很强，会把个人边界界定得很清楚。根据我的经验，许多刚开始学习九型人格的读者从表面上发现 5 号和 8 号之间有许多相似之处，但在现实生活中，这两种类型具有反差较大的情感付出模式。在二人关系中，5 号对他们的精力与情感投入精细计算，每次只是一点点地释放。作为最具活力的九型人格类型之一，8 号在他们所做的每件事中都不保留情感的付出。这两种类型都有可能被身边的人误解，但他们彼此却很能理解。

5 号会提醒 8 号，欲速则不达，因为遇事有条不紊要好过着急忙慌。从 5 号一向稳健的风格中，可以让 8 号逐渐明白遇事不冲动、调整节奏及深思熟虑后再采取行动的价值所在。8 号能够帮助 5 号多关注自己的身体、直觉和基本需求。5 号因为更愿意把精力放在精神层面的追求上，所以会过多克制自己的生理需求。以身体需求为导向的 8 号能够帮助 5 号伴侣看到自己强大的力量以及直觉超强的天赋。

除了彼此要忠诚和各自独立之外，5 号和 8 号并没有什么其他过多的要求。由于其强大的界限感，他们不会很快信任对方，在发展亲密关系的进程上也会缓慢一些。他们以不同的方式保持独立性，因为他们只是在自己周围建立边界，而不是在二人世界的周围建立边界，这可能会给他们的关系带来挑战。对于这对伴侣来说，培养一种健康的依恋关系，以及双方都渴望的爱意浓浓、彼此忠诚、相互信任亲切的关系非常重要。

优势：5 号做事精细与 8 号冲劲十足、勇于负责相结合后，可以让双方都有种浓情蜜意加上了保险锁的感觉。

需要努力的地方：一旦 5 号和 8 号在二人的亲密关系中获得安全感，他们就渴望把自己脆弱的一面展现出来，但他们同时也会有所担心。在自我需求方面，5 号和 8 号都不愿意表露出来，但表达出来往往是健康关系中相互依赖的一个重要因素。告诉伴侣自己有什么需求，就可以把真实的自我展现在对方面前，反而利于情感的进一步加深。

理智型 5 号 vs 平和型 9 号

5 号和 9 号在一起能够互相体贴、彼此接纳、温柔以待、处处谦让。他们俩都相当独立，对彼此都没有过高的期望，所以他们的关系可以很好地维持下去。这两种类型的人都会发现自己被世界的需求淹没了，这对他们是一种挑战，当面对这样的压力时，他们都会选择退缩。他们都不喜欢来自外部的压力。

9 号和 5 号组合的伴侣都能够使对方冷静下来。5 号会鼓励 9 号伴侣要更多地表达自我，因为 5 号有很强的好奇心，他们会像研究任何感兴趣的话题一样来研究自己的伴侣。这种好奇心可以帮助 9 号更好地表达自己的想法和需求。9 号有让别人感到舒适的本事，所以会让 5 号感到安心和舒适。5 号往往会觉得自己在这个世界上无法获得百分百的安全感和舒适感，9 号则能够让 5 号伴侣在家里更放松、更自在。他们都能让对方感受到自我和与伴侣的联结。

5号和9号之间的挑战通常涉及他们对冲突的反应。在遇到困难时，9号会保持乐观积极的态度，以避免冲突；5号则退后一步分析冲突的原因，将困难视为需要解决的谜题。这些对立的做法不一定会演变成一场激烈的对抗，但会给人一种相互追逐的感觉，而无须完全处理冲突。这两种人格类型的人都十分重视良好的沟通，因此只要双方都有时间来处理他们的感受，问题最终就会得到解决。就像4号与9号组合的伴侣一样，5号和9号组合的伴侣可以通过写下他们在冲突中的想法和感受而受益。

优势：5号和9号组合的伴侣都能在平静、舒适和稳定的亲密关系中获得他们想要的慰藉。

需要努力的地方：当5号和9号似乎无法进一步交流时，做一些积极的事情是很有帮助的，比如一起散步或做一些有氧运动。身体上的释放可以愈合情感。与其他类型的人相比，5号和9号组合的伴侣都不属于精力旺盛的，所以让他们变得活跃可能是一个挑战，但这有助于他们感受到对方都想完整融入亲密关系中。

忠诚型 6 号 vs 忠诚型 6 号

两个6号组合的伴侣在亲密关系中可以成为最好的朋友，他们所期许的伴侣能给他们的关系带来安全感、能给予引导、忠于感情和诚实守信，而且他们的这些需求可以在对方那里找到。诚实对他们俩来说都是很重要的品质，记住，他们有同样的愿望，会让对方安心。这种关系可能发展得特别缓慢，因为6号在完全信任一个人之前需要收集很多可以作证的信息。这就是为什么一对6号组合的伴侣的恋情看上去更像深厚的友谊，浪漫只能从这种深度的友情中孕育出。

两个6号在一起可以很放松并玩得很开心，因为他们知道彼此会互相支持。他们之所以能够畅所欲言，是因为他们重视良好的沟通，欣赏彼此的智慧，建立了深厚的信任、情感联结和浓浓爱意。6号是具有奉献精神的人，他们能够创造出一种双方都渴望的可预判、一致性和相互有联结的生活。

当两个6号在一起时，他们会放大彼此对于发生最坏情况的恐惧感。当恐惧感失控时，他们坚定地认同彼此不失为一个有价值且令人放心的工具。他们最大的挑战可能是难以规划，因为他们往往在做决策时举步维艰，特别是当他们都试图确定可能的结果时。当6号学会信任自己时，他们将更加容易地做出决策。

优势：6号富有同情心，为人善良，做事机敏，善于交际与沟通。两个6号组合的伴侣相互支持，这可以帮助他们在亲密关系中感到安心。

需要努力的地方：对于所有6号而言，重要的是要学会信任自己，求人不如求己，两个6号组合的伴侣相处时更是如此。在两人的关系中，伴侣的安慰和忠诚会有所帮助，但6号需要学会发现自己的价值，并重新认识到自己的力量。

忠诚型 6 号 vs 活跃型 7 号

在亲密关系中的 6 号和 7 号组合的伴侣是冒险的最佳伙伴，并且他们在一起时充满活力。他们在很多方面似乎都是截然相反的，但他们都希望拥有一个有趣、轻松、充满爱意、彼此忠诚的亲密关系。他们精力充沛，热情洋溢。6 号往往会比较冷静，这会让 7 号伴侣平静下来，因为他们经常有太多的能量以至于他们不知道该如何处理。

6 号稳定而谨慎的态度与 7 号的热情形成了互补。7 号有时似乎会被 6 号的谨慎小心而惹恼，但这两种类型都有潜在的焦虑，而 7 号最终会感激有人在照顾他们。7 号帮助 6 号伴侣摆脱烦恼，获得一些乐趣；他们轻松的心情会带给 6 号勇气和自信，而这正是 6 号有时所缺乏的。

6 号和 7 号都有恐惧感和焦虑感，但他们的处理方式有所不同。6 号会事先计划并了解所有的可能性，以便他们更好地做出决定。7 号会从任何负面情绪中逃离出来。这种状态可能很具有挑战性，因为它将这对伴侣拉向相反的方向。6 号渴望可预测性，而 7 号唯一可预测的是他们的不可预测。7 号认为 6 号是消极的，并将 6 号的担忧视为愚蠢。

优势：6 号和 7 号对友谊和忠诚都有着强烈的渴望。当他们的关系亲密而健康时，这对伴侣看起来更像一对麻烦制造者。

需要努力的地方：对于 7 号和 6 号组合的伴侣来说，良好的沟通和尊重他们表达自己的方式是很重要的。如果他们觉得被忽视或被控制，他们在这段关系中就不会感到安全，因此他们需要敞开心扉去倾听对方，以及表达出善解人意，这将有助于培养彼此的热情和归属感。

忠诚型 6 号 vs 领袖型 8 号

6 号和 8 号的匹配特别自然，因为他们能弥补对方的所有不足。他们对待情感都非常专一，沟通时不喜欢拐弯抹角，所以他们可以把所有事情都摆到桌面上。这样的二人世界通常没有什么秘密，如果存在秘密，那么一旦被发现就极具破坏性。对这对伴侣来说，信任和忠诚是最重要的。

6 号渴望获得伴侣的带领和稳定的关系，而 8 号可以给 6 号伴侣提供其所寻求的强有力的保护和安全感。6 号与 8 号伴侣在一起时会有一种在家里的安全感，他们知道自己的需求完全可以依靠 8 号来满足，这有助于减轻他们的恐惧。8 号看重 6 号的是他的真诚和细心体贴，6 号所表现出来的热情、忠诚、善良也都是 8 号（通常 8 号不怎么会表达）所需要的。8 号的言行被 6 号关注到并予以理解，会让 8 号敢于把所隐藏的脆弱的一面展露出来。8 号欣赏情感专一、诚信可靠的人，8 号恰恰在 6 号身上找到了这些闪光点。

6 号和 8 号组合的伴侣所面对的主要挑战是，任何不诚信的行为都将对双方的关系造成不利影响。对这两种类型组合的伴侣来说，伴侣的背叛对他们的打击最大，即使是撒个"小谎"也会让其无法接受。在正面冲突时，6号通常采取的回避做法也会让8号感觉不实在。8号的过度反应会让6号伴侣不知所措，6号通常会为不可预测性而苦苦挣扎，反应也可能非常强烈，所以一旦起冲突，就会非常猛烈。

优势：6号和8号组合的伴侣很匹配，彼此之间高度互补、相互信任、诚信可靠。从长远来看，他们相处时所表现的这些优点将使他们俩长期融入稳定的亲密关系中。

需要努力的地方：对于6号和8号组合的伴侣来说，互相提醒彼此是在同一个团队中真的很重要。疏远对方的做法无助于他们很好地沟通；相反，更深层次的情感联结才是对抗因冲突反应和避免冲突而导致两人产生距离感的关键。双方都需要记住，并不是每个想法都需要立即表达出来。明辨是非有助于平息冲突，并促进沟通。

忠诚型6号 vs 平和型9号

6号和9号是很常见的配对组合。他们都能为对方提供舒适的环境、稳定的关系、紧密的联系和满满的爱意，并希望进行清晰的沟通，尽管他们有时也会有所回避。当他们感到伴侣对自己是敞开心扉的、自己是被伴侣接受的，彼此处在一个平静、关爱的空间时，他们就可以看到对方是多么地尽职尽责，也会在亲密关系中投入更多的精力。生活在一起的6号和9号组合的伴侣通常会感到很慰藉，所以他们可以建立一种强互惠关系。

6号从9号伴侣那里获得平稳的感觉。9号活得比较洒脱，听6

号谈一些恐惧和担忧时也很淡然，不会为此发愁犯难。9号可以为6号提供足够的空间来处理他们的想法，帮助6号沉着冷静下来，不为无端的焦虑伤神。同样，6号为维护两个人的关系也付出不少。在生活中9号通常很随性，方向感不强，但6号却能让9号伴侣以一种友善而充满爱意的方式去思考自己真正想要的是什么。6号是更积极主动的行动派，弥补了9号过于平和的不足。

6号和9号这对伴侣的挑战在于，他们都倾向于听命于他人。如果他们自己做决定，就一定会事先听取他人的意见，所以6号和9号组合的伴侣都很难决定如何继续。幸运的是，他们喜欢通过交谈来找到前进的最佳途径。他们不同程度的独立性则是另一个挑战。9号通常更独立一些，所以6号对联结的渴望会让他们感到不知所措。重要的是彼此不能关闭沟通的大门，以确保双方的需求得到满足。

优势：6号和9号这对伴侣可以通过彼此之间的互补来建立深厚的友谊，并且他们能让对方感到他们的依恋关系是稳固的、浓情蜜意的、相互支持的和美满健康的。

需要努力的地方：6号和9号这对伴侣都非常支持对方，但遇事多少都有点优柔寡断。明确各自在生活中到底想要什么，可以帮助他们在亲密关系中更加自信。

活跃型7号 vs 活跃型7号

7号属于热情奔放、无忧无虑、充满魅力的类型，尽管他们兴趣广泛、思维敏捷，但却以反复无常或态度暧昧而著称。无论在哪里，他们总能看到机会。他们时刻准备迎接新的挑战，勇于冒险，甚至是学习新的技能。两个 7 号组合的伴侣都能从亲密关系中获得惬意与满足，并让伴侣感到快乐。

7 号需要伴侣对亲密关系绝对忠诚并做出承诺，但他们可能需要一段时间才能在关系中获得真正的安全感。在一段关系中，7 号可以理解对方不愿意深入感情的原因，也可以让对方变得更加脆弱。健康的 7 号可以在深度联结与寻找乐趣之间找到良好的平衡。他们满脑子都是宏伟有时甚至是可笑的想法，而且他们常常喜欢把这些想法强加给他们的伴侣。其他类型的人可能会说 7 号不切实际，不过他们同为 7 号的伴侣也会持有相同的看法。

冲突确实是这对伴侣的一大挑战，因为双方都希望保持积极的心态，都不想陷入消极的状态。有些 7 号会因为不想处理情感上的麻烦而抵制冲突，但要让双方都满意，就需要解决困难、渡过难关。练习展露自己内心脆弱的一面和肯定对方将会帮助这对伴侣解决冲突，这样他们就能找到自己想要的快乐和安宁。

优势：两个 7 号组合的伴侣之间的深刻理解有助于二人关系良性发展。双方都希望独立，并拥有有趣、刺激和富有张力的亲密关系。

需要努力的地方：两个 7 号组合的伴侣确实对彼此都有好处，但也存在一些挑战。有时候，7 号并没有意识到他们追寻的脚步停不下来反而让自己精疲力竭。这对伴侣可以通过提醒对方放慢脚步或驻足片刻，慢慢品味生活来获得更多的幸福和满足感。

活跃型 7 号 vs 领袖型 8 号

7 号和 8 号在一起充满活力、激情四射、相互吸引。两个人都能够快速地投入二人世界中，也都希望在一起能收获满满。实际上，他们可以相互安抚，因为他们确信通过两个人的共同努力，任何问题都不在话下。他们个个精力充沛、喜欢刺激，所以他们能够发现对方不仅有趣而且令人着迷。

7 号能够让 8 号伴侣觉得生活有趣且令人兴奋。8 号不苟言笑，所以 7 号可以让 8 号的情绪松弛下来，学会享受生活中的美好时光。尽管大多数 8 号具有较强的控制欲，但他们却控制不了 7 号，也无法预测 7 号接下来会做什么。8 号可以帮助 7 号将注意力集中在真正重要的事情上，还可以让他更多地关注现实问题。

这对搭档处理情感的方式不同，这是他们所面临的最大挑战。虽然两个人都不喜欢展露自己脆弱的一面，但 8 号能定期地宣泄自己的情感。8 号虽不喜欢冲突，但在面对棘手的问题时也不会逃避，而是更喜欢去解决它们。7 号遇事喜欢积极面对，不想陷入沮丧或愤怒等消极的情绪之中。这两种类型的人都极其敏感，但他们通常不会和其他人倾诉。因此，一旦 8 号伴侣发起火来，7 号就会感到受伤或恐惧，而 8 号会因 7 号伴侣有要保持平静的愿望而感到他不把自己放在眼里。彼此良好的沟通和相互肯定是帮助这对伴侣一起解决问题的前提条件。

优势：7号和8号组合的伴侣都对生活充满了激情，他们都渴望从中得到最大的回报。

需要努力的地方：对这对伴侣来说，放慢脚步，在两人的情感世界里徜徉是很重要的。对他们而言，尽管拥有深厚坚实的亲密关系可能具有一定的挑战性，但打造7号和8号都渴望的亲密关系还是很有必要的。停下来留意对方的反应，将有助于这对伴侣识别哪些相处之道是有帮助的，哪些方式则是不利于增进彼此感情的。他们只有在克服了个人对情感的抗拒后才能找到真正的联结。

活跃型7号 vs 平和型9号

7号和9号这对伴侣能从对方那里得到互补和强有力的支持，他们在彼此身上看到了各自所欠缺的东西，这有助于他们建立深厚的情感联结。他们都属于无忧无虑、乐观向上、遇事能随机应变的类型，这些都是他们彼此吸引的因素。对于7号和9号这对伴侣来说，最重要的是保持一定程度的独立性，同时还能确保有大量的时间来寻找乐趣和共建情感关系。

7号比9号更有主见，也往往更加自信、更注重行动。在相处的日子里，7号通过自己的这些优点影响着9号伴侣，帮助9号看到自身的价值，并建立起自信。9号表现出的平静、稳定的特点则更多地在情感上影响7号，使其在二人的情感世界投入更多、更专一、更具个性化。9号安于现状，很容易获得满足感；而7号喜欢过有趣、有激情的生活。他们生活在一起能够满足各自的需求。7

号觉得生活除了激情还能从平和中获得满足，而9号则发现生活还是丰富多彩的，能从中获得不少的乐趣。

7号和9号都不喜欢冲突。凡事他们更愿意往好处想，并保持积极的心态，但他们都承认，在经历挑战时，把心情放平静、保持快乐的情绪是很有必要的。在他们置身冲突之前，双方都需要确认他们的关系不会处于危险之中。他们都渴望这种安全感，所以他们会让伴侣相信他们的亲密关系是稳固的。

优势： 具有亲密关系的7号和9号这对伴侣都能展现出对伴侣全然接受、不加评判的风范，这对他们来说都是一种慰藉。

需要努力的地方： 7号和9号这对伴侣都不喜欢被人指手画脚。当他们感受到来自他人的压力时，他们会相当固执，可能会以消极对抗或叛逆的方式来应对。尽管7号和9号这对伴侣不需要别人告诉他们该怎么做，但是他们应对伴侣的反馈持友善与宽容的态度，并明白对方是善意的。

领袖型8号 vs 领袖型8号

两个8号组合的伴侣在一起时从来都不会感到枯燥无聊，他们意志坚强、生活中充满了激情，能悉心呵护对方，也可以让对方安静、放松下来。这种关系可以产生一种深层次的安全感，因为他们都看重信任的价值，也都不想被他人控制。一旦8号知道伴侣如此看重信任，他们就会平静下来，感到更加安心。

8号在沟通时一向简单直接，这会给对方很大的安慰。彼此爱慕、尊重和欣赏使双方都感到安全。8号崇尚独立自主，通常不愿依赖他人。在与另外一个8号构建的亲密关系中，他们相信对方会像他们一样待人真诚、感情专一、有责任感。

8号在冲突中是被动的，他们想在发生冲突时立即表达自己的感受和想法。这有时可能会有帮助，因为它让对方感到坦诚和直率；如果这一方式进一步引发了对方的挫败感，就可能会带来挑战。两个8号可能持相反的观点，这会导致争吵，因为他们会觉得自己的伴侣总是在反驳他们。为了避免类似情况的发生，这对伴侣在交流中三思而行则尤为重要。

优势：两个8号组合的伴侣在对待两人的亲密关系和所做的承诺上都有着很大的奉献精神。为了维系这一关系，他们都会全身心地投入。

需要努力的地方：尽管彼此肯定有时会让8号有示弱的感觉，但这很重要。8号认为，奉承是一种操纵，所以他们能一眼看穿虚假的恭维。尽管如此，8号仍然希望被对方欣赏，所以对8号真诚、友善、具体的赞美会产生积极的效果。

领袖型8号 vs 平和型9号

在8号和9号组合的伴侣的亲密关系中，二人对彼此的忠诚和真诚高度一致。他们做事的目的性非常强，看重公平、公正和相互尊重。8号和9号这一对也很搭，因为他们都能弥补对方所缺乏的东西。作为以身体为中心的类型，8号和9号都会追求生活上的舒适感，所以他们在二人世界中会努力地营造一个物质、精神和情感上的舒适且平静的空间。

8号对未来是充满自信的。他们看到了9号伴侣身上的潜能，并努力激发对方的自信心和行动力。尽管9号不那么积极活跃，但8号的鼓励可以帮助9号找回自我，并认识到自己是可以的。9号常常担心自己在这个世界上无足轻重，但8号的关注可以帮助他们看到自己的价值所在。9号的优势是虚心接受劝告和善解人意。他们能从多个角度来看问题，可以帮助8号学会三思而后行，以便其能够向前迈出正确的一步。此外，9号还能帮助8号放松下来，这样他们就不会总是全速前进。他们享受彼此之间的联结和陪伴。

这对伴侣最大的麻烦就是经常争吵。他们的沟通方式非常不同，以至于彼此之间可能存在误解，这会导致冲突，因为他们完全忽略了对方的观点。8号表达看法直截了当，属于具有对抗性且直言不讳的人。8号不会故意制造冲突，但他们也不回避冲突，尤其是当他们觉得有必要消除误会的时候。然而，9号在处理冲突时更为艰难，更容易发生冲突，8号的紧张情绪很容易使他们感到不堪重负。

优势：8号和9号这对伴侣在互相沟通和照顾对方时可以保持良好的稳定状态。

需要努力的地方：双方都需要对各自不同的能量水平进行管理。8号需要意识到他们的说话方式会让9号感到心烦意乱，并给他们的伴侣留出处理的空间。9号需要注意到8号只是分享自己的想法而不是生气。允许彼此质疑将真正有助于简化沟通。

平和型 9 号 vs 平和型 9 号

有着亲密关系的两个9号组合的伴侣是联结紧密、和平共处、安静祥和的一对，他们能够一起创造出他们在生活中所寻求的平和与友谊。他们往往会相处得很好，因为他们对彼此都没有什么过高的期许，所以他们没有束缚感，都能自由自在地生活。他们行事循规蹈矩，对未来要有可预测性，所以他们可以创建出适合自己、感到舒适的生活模式。

两个9号组合的伴侣为彼此提供温暖和关怀。他们倾向于招待对方来加深关系，但他们不会打扰对方，也不会要求对方这么做。9号通常喜欢把事情讲清楚，在这种配对中也是如此。他们知道彼此都需要时间来处理，所以他们会给对方足够的空间，不会让对方急于做出决定。他们能很好地沟通，因为他们彼此非常了解，也能够接受对方的本来面目。

当9号准备解散这段关系时，麻烦就会出现，因为双方都不是以行动为导向的，而且他们都倾向于逃避冲突。如果双方都满腹怨气，那么他们之间的关系就会越来越冷淡，就很难重新点燃彼此的感情。因为要想重新开始，就需要付出很大的代价。这段关系可能会变得疏远、被动、咄咄逼人，甚至会变得沉默。他们回避冲突的倾向会让他们处于最佳状态，他们可能会远离冲突。

优势：两个 9 号组合的伴侣都为彼此创造了舒适感和空间，因此两者都感觉到舒适、温暖和放松。

需要努力的地方：真正的和平往往需要充分的沟通，甚至靠冲突来获得。由于 9 号渴望和平，因此他们有时会避免谈论艰难的事情，特别是当他们还不确定自己对某事的真实感受时。留有空间去处理冲突是可以的，但是等待太久才去解决冲突，实际上会让问题更难以解决。两个 9 号组合的伴侣通常对彼此都很有耐心，所以运用这种耐心去克服冲突并学会如何一起解决问题将会非常有帮助。

The Enneagram in Love：A Roadmap for Building and Strengthening Romantic Relationships

ISBN: 978-1-64611-941-7

Text © 2020 Callisto Media,Inc.

First published in English by Rockridge Press,a Callisto Media,Inc. Imprint.

No part of this publication may be reproduced, stored in a retrieval system or transmitted in any form or by any means, electronic, mechanical photocopying, recording or otherwise without the prior permission of the publisher.

Simplified Chinese rights arranged with Callisto Media,Inc. through Big Apple Agency, Inc.

Simplified Chinese version © 2021 by China Renmin University Press.

All rights reserved.

本书中文简体字版由 Callisto Media,Inc. 通过大苹果公司授权中国人民大学出版社在全球范围内独家出版发行。未经出版者书面许可，不得以任何方式抄袭、复制或节录本书中的任何部分。

版权所有，侵权必究。

北京阅想时代文化发展有限责任公司为中国人民大学出版社有限公司下属的商业新知事业部，致力于经管类优秀出版物（外版书为主）的策划及出版，主要涉及经济管理、金融、投资理财、心理学、成功励志、生活等出版领域，下设"阅想·商业""阅想·财富""阅想·新知""阅想·心理""阅想·生活"以及"阅想·人文"等多条产品线，致力于为国内商业人士提供涵盖先进、前沿的管理理念和思想的专业类图书和趋势类图书，同时也为满足商业人士的内心诉求，打造一系列提倡心理和生活健康的心理学图书和生活管理类图书。

《原生家庭：影响人一生的心理动力》

- 全面解析原生家庭的种种问题及其背后的成因，帮助读者学到更多"与自己和解"的智慧。
- 让我们自己和下一代能够拥有一个更加完美幸福的人生。
- 清华大学学生心理发展指导中心副主任刘丹、中国心理卫生协会家庭治疗学组组长陈向一、中国心理卫生协会精神分析专业委员会副主任委员曾奇峰、上海市精神卫生中心临床心理科主任医师陈珏联袂推荐。

《既爱又恨：走近边缘型人格障碍》

- 一本向公众介绍边缘人格障碍的专业书籍，从理论和实践上都进行了系统的阐述，堪称经典。
- 有助于边缘型人格障碍患者重新回归正常生活，对维护社会安全稳定、建设平安中国具有重要作用。

《母爱向左,焦虑向右:母性矛盾心理解析》

- 一本帮助女性正确看待生育、怀孕和分娩,释放焦虑情绪,改善亲子关系经典之作。
- 本书颠覆了关于母爱的世俗观念,揭示出母爱不为人知的另一面。
- 作者深刻剖析了女性成为母亲的心路历程以及母性概念,是一本对母性心理发展具有深刻影响的作品。

《消失的父亲、焦虑的母亲和失控的孩子:家庭功能失调与家庭治疗(第2版)》

- 结构派家庭治疗开山鼻祖萨尔瓦多·米纽庆的真传弟子、家庭治疗领域权威专家的经典著作。
- 干预过多的母亲、置身事外的父亲、桀骜不驯的儿子、郁郁寡欢的女儿……如何能挖掘家庭矛盾的"深层动因",打破家庭关系的死循环?不妨跟随作者加入萨拉萨尔一家的心理治疗之旅,领悟家庭亲密关系的真谛。

《重拳之下:亲密关系和家庭暴力犯罪》

- 一部从立法、执法、司法及社会救济等角度全面探索反家暴、预防亲密关系犯罪的经典力作;
- 中国心理学会法律心理学专业委员会主任马皑教授作序推荐;
- 中央司法警官学院院长章恩友、中国心理学会法律心理学分会副主任范刚、中国政法大学社会学院心理学系主任王国芳联袂推荐。